Vögel füttern in der Praxis **4**
Vögel füttern! 4

Die Fütterungswelle ist angelaufen *6*
Hervorragende Aktionen rund um das Füttern *6*

Die Vögel werden weniger 8
Ein Paradebeispiel: der Haussperling 10
Zufüttern als notwendige Verpflichtung 11
Die Geschichte der Fütterung 12
Und was doch nicht dagegen spricht 14

Interessantes aus Besprechungen und Zuschriften . *16*

Die Wissenschaft gibt uns Recht 18

Die Forschung geht weiter *23*

Die Praxis: Anlage von Futterstellen zur Winterfütterung 27
Die geeigneten Futtermittel 32
Vorausplanung und Vorratshaltung 36
Wann und wie lange füttern? 38
Blitzblank – muss das sein? 40
Die Ganzjahresfütterung 41

Nützliche Tipps für die Urlaubszeit *44*

Verwilderte Haustauben und frei lebende Wasservögel 47

Hilfe für die Straßentauben *48*
Die Problempflanze Ambrosie *48*

Kranke oder tote Vögel – was tun? 50
Ergänzende Vogelschutzmaßnahmen 51
Fazit und Ausblick 53

Weitere Aspekte für die Zukunft *56*

Die Futterstellenbesucher **60**

Literatur 91
Quellen für Futtermittel und Futterspender 92
Register 93

Vögel füttern!

Über kaum ein Gebiet ist so viel Unwahres, Unsinniges, Unglaubliches und Unhaltbares geschrieben worden wie über die Fütterung frei lebender Vögel. Und Unsachliches wird auch fleißig weiter geschrieben – alle Jahre wieder, und v. a. im deutschsprachigen Raum, ungeachtet aller wissenschaftlichen Fortschritte in diesem Bereich. In einem Wust von unausgegorenen und strittigen Darstellungen sind auch in jüngster Gegenwart wohltuend klare und v. a. objektive populäre Darstellungen bei uns eher eine Rarität[1,2]. Wie ist das möglich bei einem ständig aktuellen Thema und in einem Land, in dem ein Karl Theodor Liebe bereits 1879 eine Übersicht „Zur Fütterung der Vögel im Winter"[3] verfasst hatte?

Die Gründe offenbaren sich schnell bei näherer Betrachtung. Bei uns wurde die Fütterung frei lebender Vögel bis in die 1940er Jahre nicht nur propagiert und u. a. in einer „ganz neuen Industrie"[4] vehement entwickelt, sondern auch von wissenschaftlichen Studien begleitet[5]. Mit dem Niedergang der Naturverbundenheit in der Nachkriegs-Wirtschaftswunderzeit trat sie in den Hindergrund, und bevor die Warnungen von z. B. Rachel Carson vor einem „Stummen Frühling"[6] ernst und enorme Bestandsrückgänge von Vögeln auch bei uns allmählich wahrgenommen wurden[7], fiel sie sogar in Misskredit. Vogelschutzmaßnahmen wie Zufütterung und Anbringung von Nistkästen gerieten nicht selten in den Ruch „unwissenschaftlicher und unnötiger Piepmatzologie". Das führte dann dazu, dass sich von derartigen Maßnahmen sogar Vorstandsmitglieder ehrwürdiger vogelkundlicher Gesellschaften wie der Deutschen Ornithologen-Gesellschaft ausdrücklich distanzierten und selbst prominente Vertreter ehemaliger Vogelschutzwarten sie in ihrer Bedeutung für die Vogelwelt allenfalls als strittig einordneten[8]. Als Entschuldigung dafür mag in gewissem Umfang gelten, dass es damals noch eine ganze Reihe von „Allerweltsarten" gab, die z. T. sogar bekämpft wurden und die von Fütterungen in unerwünschter Weise profitierten.

Als die Fütterung dann im Gefolge der katastrophalen Bestandsrückgänge vieler heimischer Singvögel wieder mehr in den Vordergrund rückte, schieden sich die Geister. Nachdem sie in England bei nahezu 20 Millionen Hausgartenbesitzern einen enormen Aufschwung erfuhr, wird sie seit 1970/71 – also seit nunmehr 35 Jahren (!) – vom British Trust for Ornithology in einem speziellen „Garden Bird Feeding Survey" (GBFS) systematisch untersucht[9] und zudem in einem „Garden BirdWatch"-Programm von über 17 000 Beobachtern überwacht[10]. In Deutschland hingegen wurde die Vogelfütterung bei ebenfalls positiver Entwicklung ausgesprochen stiefmütterlich behandelt. Nahezu nirgendwo wurde ihr der Stellenwert zuerkannt, den sie in England auf sicherer wissenschaftlicher Grundlage längst erhalten hat: nämlich als *wertvoller Beitrag zum Artenschutz*. Bei uns wurde und wird sie vielmehr – in abgestufter Form – verkannt, verzerrt, ideologisiert oder gar in Schauermärchen diffamiert. In vielen, noch relativ harmlosen Fällen wird sie gerade noch halbherzig empfohlen, unter Betonung, dass sie ja wohl den Vögeln nicht schade, aber dafür den Menschen erfreue, ihm Naturgenuss bereite, Naturschutzbestreben wecke und fördere und bei Kranken gar heilsame Wirkung zeige. Derartige Betrachtungsformen findet man häufig bei Vertretern des NABU (Naturschutzbund Deutschland), die auf diese Weise demonstrieren, dass ihr Herz zumindest noch teilweise im Takt des vogelfütterfreundlichen ehemaligen DBV (Deutscher Bund für Vogelschutz) schlägt, aus dem der NABU hervorging. Aber bei inzwischen extremen Vertretern liest sich Entsprechendes dann so: „Die Erkenntnis ist hart, aber klar: Vogelfütterung ist kein Vogelschutz ... Wenn wir füttern, tun wir das also für uns! Vogelfütterung ist Menschenschutz".[11] Auf diese Weise erfahren wir zwar ansatzweise, was Menschenschutz sein soll, aber das hilft unseren Vogelschutzbestrebungen nicht

Futterhaus im Landhausstil – weit verbreitet und dekorativ, aber oftmals nicht leicht mit Futter zu füllen und sauber zu halten.

weiter. Kommt dann noch Zynismus hinzu, wird die Gürtellinie sachgemäßer Argumentation unterschritten bei Formulierungen wie: „Es wird jedoch vermutet, dass jedes Jahr mehr Vögel an unsachgemäßer Fütterung sterben als mit Hilfe der Fütterung vor dem Tod bewahrt werden ... es überleben Vögel, die zufällig nicht das falsche Futter gefressen haben ...“.[12] Und das ist nicht etwa im finsteren Mittelalter vogelkundlicher Unkenntnis geschrieben worden, sondern 2001 – bei völliger Ignorierung von Bergen von einschlägigen Erkenntnissen, wie später gezeigt werden wird. Oder, als letztes Beispiel, finden sich an vielen Stellen Formulierungen etwa folgender Art: „Zufütterung macht Vögel so behäbig, dass sie einer Art Wohlstandsverwahrlosung anheimfallen und ihre natürliche Nahrungssuche weitgehend aufgeben und schlimmer, zu Beginn der Brutzeit ihren Jungen dann das falsche Futter verabreichen, was zu deren Tod führen mag“.[11, 13, 14] Dabei hat man den Eindruck, als würde etwa die heutzutage unter vielen Jugendlichen grassierende exklusive Pommes-frites-Ernährungsmentalität einfach auf die Vogelebene projiziert. Allerdings zu Unrecht, wie schon ein paar wenige Stunden sorgfältiger Beobachtungen z. B. von Kohlmeisen am Futterhaus, im Obstgarten und an ihren Nisthöhlen zeigen oder Zurhandnahme einschlägiger Untersuchungsergebnisse klar macht (s. S. 22). Damit sind wir bei einem der Hauptübel des heutzutage miserablen Geschreibsels über die Zufütterung wild lebender Vögel: Es wird zu viel vom grünen Tisch herunter schwadroniert, ohne erst einmal genau hinzusehen, wie die Vögel eigentlich mit dem gebotenen Futter umgehen und wieweit es ihnen nutzt und vielleicht auch schadet. Ebenso wie einfache, gründliche und damit aufschlussreiche Naturbeobachtungen werden auch die einschlägigen wissenschaftlichen Arbeiten zum Thema sträflich ignoriert, die inzwischen *zu Hunderten* vorliegen (s. S. 18 ff.).

Es gibt aber ganz offensichtlich noch einen weiteren Grund für die heutzutage in unserem Sprachraum verbreitete Miesmache der Vogel-Zufütterung – nämlich: Konkurrenz. Beim härter werdenden Kampf um Mittel für alle möglichen Naturschutzzwecke werden Aufwendungen für die Vogelfütterung als wenig sinnvoll dargestellt (wie z. B. „Das viele Füttern kann nur hohen Verkaufszahlen dienen, nicht aber dem Erhalt einer artenreichen Vogelwelt“[12]), um dann „bessere“ Maßnahmen vorzuschlagen wie naturnahe Gartengestaltung usw. Darüber ist sicher zu diskutieren (s. S. 51). Wenn aber mit derartiger Argumentation Spendenwerbung verbunden ist – v. a. auch für Naturschutzzentren und deren Personal –, dann treten Verbände in direkte Konkurrenz zur Vogelwelt. Das ist aufgrund der heute vorliegenden wissenschaftlichen Kenntnisse über das Füttern frei lebender Vögel nicht einfach hinzunehmen – ebenso wenig, in welch schiefes Licht im deutschsprachigen Raum, im Gegensatz zu England, die Zufütterung inzwischen durch mehr Dichtung als Wahrheit geraten ist und erst recht nicht die unzumutbare Verunsicherung gutwilliger Fütterer, die sich ja heute bei uns teilweise schon fast wie Aussätzige vorkommen müssen. Dem ist ein Ende zu bereiten, nachdem die Fülle gesicherter Daten, die in der vorliegenden Broschüre kurz dargestellt werden, klar belegt: *Angemessene Zufütterung – im Winter und besser noch ganzjährig – leistet heutzutage einen wesentlichen Beitrag zum Vogelschutz, insbesondere zum Erhalt und z. T. sogar zum Wiederaufbau der Artenvielfalt unserer Vogelwelt.*

An Futterstellen kommen nicht nur „Allerweltsarten“, sondern auch Seltenheiten, wie z. B. der Mittelspecht, der mit Fettfutter in einer Rindenspalte angelockt wurde.

Die Fütterungswelle ist angelaufen

Wir hatten uns von unserem Vogelfütterbuch „Vögel füttern – aber richtig“ in seiner aufrüttelnden Form natürlich einiges erhofft, dass es aber im Hinblick auf großes Interesse und nachhaltige Folgen ein derartiger Volltreffer werden würde, hat auch uns überrascht.
Zum einen zeigen in eineinhalb Jahren fast 50 000 verkaufte Exemplare, dass ein solcher Ratgeber offenbar überfällig war. Neben einem Best-„Seller“ ist er aber auch ein Best-„Maker“ geworden: Er hat nicht nur bewirkt, dass ein „Ruck“ durch unser Land ging, sondern hat vier Wellen ausgelöst, die munter im Gange sind.

Erstens ist eine bundesweite Diskussion über das Vogelfüttern angeregt worden, die inzwischen Zigtausende von Bürgern erfasst hat. Die Internet-Suchmaschine Google beziffert bis Ende 2007 über 400 000 Links zur ausgelösten Diskussion. Dabei zeichnet sich nach anfänglich nicht wenigen emotionalen Entgleisungen und irrwitzigen Behauptungen zunehmende Versachlichung bei den Beiträgen ab.

Zweitens haben nach den Tausenden von Bekundungen an uns ebenfalls Zigtausende nicht nur ihre Winterfütterung vehement wieder aufleben lassen, sondern auch mit Freude und Erfolg Ganzjahresfütterungen eingerichtet.

Drittens werden mehr und mehr Aktionen durchgeführt, die ganzjährige Fütterung gezielt propagieren und die dazu beitragen, dass sie zum festen Bestandteil unserer Vogelschutzaktivitäten wird. Hier sind sowohl „Einzelkämpfer“, regionale Vogelschutzverbände als auch Futtermittelhersteller zu nennen.

Viertens werden uns von Letzteren sowohl aus Deutschland als auch aus Nachbarländern mehr und mehr Futterproben für Testversuche zugesandt, was zu einer Optimierung des angebotenen Vogelfutters führt.

Also insgesamt ein erfreulicher Aufschwung der Zufütterung als Beitrag zum Vogelschutz.

Hervorragende Aktionen rund um das Füttern

Bemerkenswerterweise folgte auf unser Buch ein weiteres über Vogelfütterung, das unserem in vieler Hinsicht ähnelt. Es setzt sich ebenso für eine lückenlose Ganzjahresfütterung ein, die – auch nach des Autors eigenen Erfahrungen – „vielen Arten eindeutig nützt“.
Einige Verbände führen zudem ausgezeichnete konzertierte Aktionen, etwa mit langfristigen Schaufenster-Ausstellungen, Pressekampagnen und Bürger-Aktionen durch. Dazu gehören vor allem „Der Verein der Vogelfreunde u. Pfleger 1960 Heddesheim e. V.“ (Kurt Klemm) oder die Vogelfreunde um Klaus-Ludwig Röder in Halle. Auch einige Vogelfutter-Anbieter betreiben in besonderen Verkaufsständen, mit Beilagen, Aufklebern und ähnlichen Ma-

Mit Futterstellen an Baumstämmen lässt sich auch der Grauspecht anlocken.

Der Haussperling ist inzwischen eine weltweit gefährdete Vogelart, der durch Zufütterung gut zu helfen ist.

terialien ausgezeichnete Aufklärung über die Wichtigkeit, Vögel zu füttern und tragen dadurch zur Popularität einer sinnvollen Ganzjahresfütterung bei.
Eine ganz besondere Aktion hat sich die Freie Evangelische Schule in Böblingen einfallen lassen, deren Schulgebäude am Rand eines wachsenden Industriegebiets in Holzgerlingen liegt. Dort wurden in den angrenzenden Streuobstwiesen, die die Stadt der Schule zur Verfügung gestellt hat, Nistkästen aufgehängt. Sobald der Bestand an Vögeln registriert ist, richten die Schülerinnen und Schüler Futterstellen zur Ganzjahresfütterung ein. So wollen sie einen Beitrag dazu leisten, dass auch in unmittelbarer Nähe zu den Industriegebäuden in der ausgeräumten Kulturlandschaft mit nahrungsarmen Feldern Vögel einen hochwertigen Lebensraum erhalten.

Trotz seiner erheblichen Körpergröße kann sich der Grauspecht auch geschickt an Meisenknödel hängen.

Die Vögel werden weniger

Die Vogelwelt Mitteleuropas hat in den letzten Jahrhunderten enorme Veränderungen erfahren, die ganz wesentlich durch den Menschen, v. a. durch die Landwirtschaft, verursacht wurden. Sie betreffen hauptsächlich den Lebensraum und die Nahrungsgrundlagen der Vögel und damit auch die Frage nach dem Sinn der Zufütterung wild lebender Vögel – und sollen deshalb hier kurz skizziert werden.

Die nacheiszeitlichen großen Laubwälder Mitteleuropas zur Eichenmischwald- und Buchenzeit waren artenarm und beherbergten selbst in großen Gebieten nicht einmal 50 Vogelarten. Die menschliche Landnahme führte dann v. a. ab dem frühen Mittelalter zu einer reich strukturierten Mosaiklandschaft mit Feldern, Wiesen, Weinbergen usw., in die aus dem Süden und Osten viele neue Arten wie Lerchen, Ammern, Sperlinge, Stare, Rebhühner u. v. a. einwandern konnten.[15, 16] Sie alle hatten in der Zeit extensiver kleinbäuerlicher Landwirtschaft ihr gutes Auskommen – ganzjährig in den Wildkräuter-(„Unkraut"-)Beständen von Brachflächen (der Dreifelderwirtschaft) und saisonal auf den Äckern, die auch bei uns bis in die 1950er Jahre zu einem Großteil Klatschmohn, Kornblumen, Disteln und viele weitere Wildkräuter in Fülle gedeihen ließen, so wie heute noch z. B. in Ostpolen oder Rumänien. Diese vom Menschen geschaffene Mosaiklandschaft führte zu einem allgemeinen Artenreichtum bei Pflanzen und Tieren, bei Insekten etwa von Heuschrecken und Schmetterlingen, der bei Vögeln im 18. Jahrhundert in den meisten Regionen Mitteleuropas die Artenzahl auf mehr als das Doppelte ansteigen ließ.[15] Dann aber kam die Wende.

In der ersten Hälfte des 19. Jahrhunderts gingen vielerorts Vogelbestände merklich zurück – 1849 von Johann Friedrich Naumann erstmals wissenschaftlich belegt.[17] Spielte zunächst direkte menschliche Verfolgung noch eine wesentliche Rolle, kam es danach und besonders ab den 1950er Jahren durch zunehmend intensive Landwirtschaft in nahezu Wildkräuter freien Monokulturen, infolge des Einsatzes von Bioziden (Herbiziden, Insektiziden usw.), aber auch durch den Landverbrauch für Siedlungen und Verkehrswege, durch menschliche Freizeitaktivitäten u. a. zu einem starken und sich beschleunigenden Rückgang großer Teile von Flora und Fauna.[15] So stehen heute bei uns von allen Tier- und Pflanzenordnungen im Durchschnitt mindestens rund die Hälfte aller Arten in „Roten Listen"[18] – d.h., ihr Fortbestand ist ungewiss. Dabei sind längst auch

Futtersilos sind ideale Futterspender – sie bieten sauberes Futter, das wenig verstreut wird. Mit Sitzstangen nutzen sie auch Feldsperlinge.

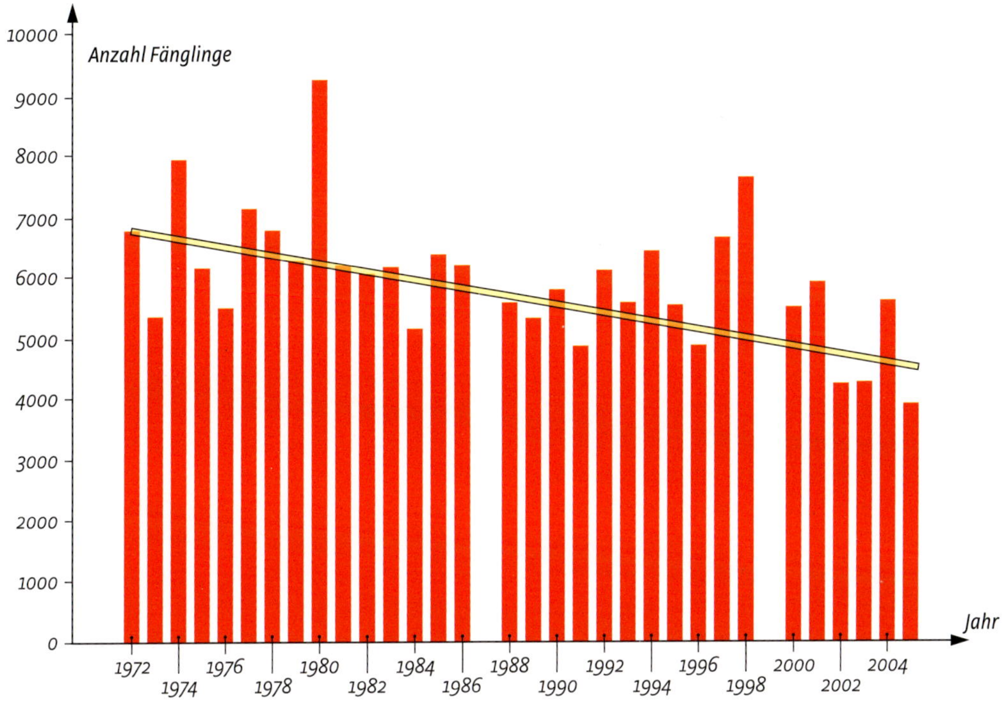

Fangzahlen von 35 Vogelarten der Bodensee-Fangstation der Vogelwarte Radolfzell: Die Gerade zeigt eine jährliche Abnahme von rund einem Prozent an.

ehemalige „Allerweltsarten" betroffen wie Haus- und Feldsperling oder Star, die noch vor wenigen Jahrzehnten heftig bekämpft wurden bis hin zur Sprengung ihrer Schlafplätze mit Dynamit.

Wie sehr unsere Vogelwelt inzwischen v. a. in den intensiv genutzten Landesteilen zusammengeschrumpft ist, zeigt beispielhaft eine Analyse des „idyllischen" süddeutschen Dorfes Möggingen am Bodensee, in dem die Vogelwarte Radolfzell über 50 Jahre lang genaue Bestandserfassungen durchgeführt hat.[19] Dort sind inzwischen von ehemals 110 Brutvogelarten 35 % ganz verschwunden oder brüten nur noch unregelmäßig, weitere 20 % nehmen im Bestand ab und nur etwa 10 % zeigen Bestandszunahme oder haben sich neu angesiedelt. Auf einer Probefläche von 4 km^2 ist die Individuenzahl von ursprünglich rund 3300 Vögeln auf 2100 zurückgegangen und die Vogel-Biomasse von früher ca. 240 kg auf derzeit nur noch 150 kg. Hauptursache dafür sind Lebensraumverluste und -verschlechterungen, *in allererster Linie bedingt durch eine enorme Abnahme der Verfügbarkeit an Nahrung*. Sie liegt bei Heuschrecken in einer Größenordnung von 90 %, bei Pflanzensamen z. T. bei 100 %.[19] Das sollte man im Kopf behalten, wenn man sich mit der Frage der Zufütterung wild lebender Vögel näher beschäftigen möchte.

Und noch eines hat die Mögginger Studie wie auch andere einschlägige Arbeiten klar gemacht: Es gibt fast keine „Allerweltsarten" mehr, die sozusagen sicher in Frieden mit uns leben können. Die Beispiele Haus- und Feldsperling, Star, inzwischen auch Feldlerche und Rauchschwalbe zeigen, dass gegenwärtig durch unsere rigorose Lebensart *jede* Vogelart von heute auf morgen von Bestandseinbrüchen betroffen sein kann (mehr dazu ab S. 10). Wir sind deshalb sicher gut beraten, wenn wir auch die zurzeit noch häufigen Arten, wie z. B. unsere Meisen, durch Zufütterung im Bestand stützen, *bevor* auch sie von dem sich schon abzeichnenden Rückgang ernsthaft betroffen sind. Und selbst bei einer unserer häufigsten Arten – der Kohlmeise – bahnen sich längst Bestandseinbrüche an über eine Ursachenkette von saurem Regen (bedingt durch Luftverschmutzung) über den Schwund an Kleinschnecken (durch Kalkmangel) und daraus folgenden Missbildungen der Eischalen bis zu nachlassendem Bruterfolg.[20]

Ein Paradebeispiel: der Haussperling

Durch sein ganzjähriges Zusammenleben mit und seine weitgehende Futterabhängigkeit von dem Menschen ist der Haussperling wohl das Paradebeispiel einerseits für Auswirkungen des Rückgangs seines Nahrungsangebots und andererseits für die Bedeutung gezielter Zufütterung. Er soll deshalb hier etwas näher behandelt werden.

Der Haussperling, ein auf Sämereien angewiesener Webervogelverwandter, ist dem Menschen nahezu weltweit in seine Siedlungen gefolgt, wo er – als weitgehend reiner Standvogel – auf engstem Raum mit ihm zusammenlebt.[21] In unseren früher überall ansässigen kleinbäuerlichen Betrieben wurde er, wenn die Feldfluren abgeerntet waren, allerorten in Hühnerfängen, Taubenschlägen, durch Haferreste in „Pferdeäpfeln" usw. mit versorgt, also schon immer *mit gefüttert*. Mit der Einstellung der kleinräumig-vielseitigen Landwirtschaft, dem „Bauernsterben" in unseren Dörfern, ging den Spatzen rasch das Futter aus[22] – ihr Bestand nahm fast überall in Mitteleuropa stark ab, bis hin zum vollständigen Erlöschen vieler lokaler Populationen. In Deutschland z. B. ging der Bestand von rund 14 Millionen Brutpaaren auf 6 Millionen Paare um mehr als 50 % zurück[22], Großbritannien verlor ebenfalls rund 6 von früher 12 Millionen Paaren[23]. Auch bei den ehemaligen „Allerweltsarten" Star und Feldlerche liegen bei ähnlichen Ursachen die Verluste inzwischen in entsprechender Größenordnung.[18, 23]
Haussperlinge als ehemalige „Mitesser" finden heutzutage auch keine Ersatznahrung in unseren ausgeräumten Landschaften, aus denen nicht nur etwa die Hälfte aller Deckung bietenden Hecken, sondern v. a. auch die Futterpflanzen – wie etwa der Löwenzahn, der meist schon vor der Samenbildung abgemäht wird, verschiedene Wegericharten, Wegwarte oder Ackerdisteln – weitgehend verschwunden sind.[24] In der Regel bleiben häufig auf vielen Quadratkilometern gepflügter Flächen der Monokulturen von Getreide, Zuckerrüben, Kartoffeln und andere ebenso wenig Samen tragende Wildkräuter oder gar Stauden stehen wie an den meist penibel „gepflegten" Weg- und Straßenrändern, Böschungen, Waldsäumen oder auf unseren nicht selten bis zu fünfmal im Jahr gemähten Wiesen.
Um sich so richtig klar zu machen, wie nahrungsarm unsere Landschaft inzwischen für Körnerfresser wie Sperlinge und viele andere Arten geworden ist, versuche man einmal, etwa an einem Spätherbsttag, auf einem Sonntagsspaziergang mit der Familie auch nur *eine Tagesration an Wildkräutersamen z. B. für einen einzigen Kanarienvogel zu sammeln* – das Ergebnis ist in aller Regel niederschmetternd. Ganz anders dagegen fällt der Versuch in einem ökologisch ausgerichteten Hausgarten mit einer Fülle von Samen tragenden Pflanzen aus (s. S. 51), der uns eine Vorstellung davon gibt, was unsere Landschaft Vögeln früher einmal an Futter zu bieten hatte.
Aber, so schlecht es unseren Sperlingen derzeit großräumig auch gehen mag, so ist es relativ leicht, zumindest kleinere, durchaus überlebensfähige Populationen am Leben zu erhalten oder auch wieder aufzubauen: *durch kontinuierliche, zuverlässige, ganzjährige artgerechte Zufütterung*! Wir praktizieren diese Fütterung seit Jahrzehnten erfolgreich und konnten z. B. im süddeutschen Dorf Billafingen im Bereich unserer Schafweide in etwa 20 Jahren eine Sperlingspopulation von Null auf über 30 Paare aufbauen (s. S. 18 ff.).[19]
Vor allem auch aus England, wo seit 35 Jahren „Garden Bird Feeding Survey" (s. S. 13) praktiziert wird, liegen für Sperlinge wie auch für andere Arten ermutigende Ergebnisse im Hinblick auf den Erhalt der Vögel durch Zufütterung vor. Auch in abnehmenden Sperlingspopulationen können Brutpaare ausreichend Nachwuchs (Jungvögel pro Saison) produzieren mit zunächst normaler Lebensdauer. Erhöhte Sterblichkeit tritt dann bei Futtermangel v. a. im Winter auf – und die kann durch gezielte Zufütterung reduziert werden.[25]
Zum Schluss dieses Abschnitts noch ein schönes Beispiel aus unserer Hauptstadt. Den „Berliner ornithologischen Berichten" 2005[26] ist zu entnehmen: „Die Bestandszahlen des Haussperlings korrelieren signifikant mit Gebäudefläche und *Zahl der Futterplätze* und blieben wahrscheinlich in den letzten 10 Jahren stabil." Und Ähnliches vernehmen wir z. B. auch aus Hamburg: „Ohne massive menschliche Zufütterung käme es zumindest in den Wintermonaten zu einem erheblichen Nahrungsengpass. Haussperlinge suchten Futterstellen während des ganzen Jahres auf. Der Haussperling ist im innerstädtischen Raum in den Wintermonaten fast vollständig von anthropogenen Nahrungsquellen abhängig."[27] Das sind höchst erfreuliche Ergebnisse für Vogelfütterer und ist hoffentlich auch Anregung für alle, die es noch werden wollen! Derartige Kenntnisse können Mut machen, auch wenn unserem Spatz heute noch weitere Faktoren wie Nistplatzmangel, Abnahme an Insekten als Nestlingsnahrung, Hauskatzen und andere zu schaffen machen.[23]

Zufüttern als notwendige Verpflichtung

Aus den vorangehenden beiden Abschnitten und der dort zitierten Literatur geht klar hervor: Wir Menschen haben durch unsere Landnahme und vielseitige Landnutzung in den letzten Jahrhunderten zunächst viele Vogelarten in unsere Gefilde nach Mitteleuropa „gelockt". Dann aber haben wir, besonders in den letzten Jahrzehnten, deren Lebensräume derart „ausgeräumt" – v. a. auch in Bezug auf die Nahrungsgrundlagen –, dass heute viele von ihnen gefährdet sind. Natürlich wäre das Nächstliegende, die Lebensräume unserer Vögel einschließlich des Nahrungsangebots durch Schutz- und Pflegemaßnahmen und umfangreiche Renaturierungen „einfach" wieder herzustellen. Aber die Ansätze, die es dazu gibt, zeigen, dass dies ein langwieriger Weg ist und noch dazu mit völlig ungewissem Ausgang.[19] Also bleiben uns – wenn überhaupt – zumindest zunächst nur möglichst schnell greifende Ersatzmaßnahmen. Daher ist die Zufütterung frei lebender Vögel eine logische Konsequenz und moralische Verpflichtung!

Ideal wäre, wenn wir den Vögeln in der offenen Landschaft, denen hauptsächlich die Nahrungsgrundlagen abhanden gekommen sind, Ersatzfutter flächendeckend direkt anbieten könnten – etwa durch regelmäßige Verteilung von Hubschraubern aus, wie dies z. B. beim Kalken unserer durch Übersäuerung geschädigten Wälder von der Luft aus geschieht. Natürlich ist das reine Utopie. Aber zum Glück gibt es einen bodenständigeren, viel Erfolg versprechenden Weg, den uns die Vogelfreunde in England und z. T. auch in Amerika seit Jahrzehnten vorführen: *Die angepasste Zufütterung wild lebender Vögel an möglichst vielen Stellen im Land.* Sie bewirkt, wie gezeigt werden wird, schon viel als Winter-Zufütterung und noch weit mehr als optimal angepasste *Ganzjahresfütterung* (s. S. 18 ff. und 41 ff.).

Das offene Futterbrett wird nicht nur von Grünlingen besucht, sondern auch von Buchfinken, Goldammern und anderen, die nicht gern in Futterhäuser gehen.

Nach den heute vorliegenden fundierten wissenschaftlichen Erkenntnissen über positive Effekte der Zufütterung ist klar: Sie ist längst keine Geschmackssache oder Glaubensfrage mehr, sondern trägt ganz wesentlich zum Vogelschutz bei. Mit Zufütterung erreichen wir, wie ebenfalls gezeigt werden wird, auch nicht nur, wie gelegentlich abfällig bemerkt, eine „Hand voll" häufiger, sondern bei optimalen Verhältnissen regelmäßig 50 Vogelarten und mehr (s. S. 28). Darunter befinden sich neben den schon vorgestellten und inzwischen rapide abnehmenden Haussperlingen viele weitere zumindest regional zurückgehende oder gefährdete Arten wie Feldsperling, Ammern, Stieglitz, aber auch Star, Drosseln und selbst Grasmücken, Laubsänger u. a. Damit leistet sachgemäße Zufütterung heutzutage *einen wertvollen Beitrag zum Artenschutz und zum Erhalt der Artenvielfalt mit ganz hohem Stellenwert.*

Machen wir uns zum Schluss dieses Abschnitts noch einmal in aller Deutlichkeit klar: Durch Zufütterung können wir wild lebenden Vögeln wenigstens einen Teil dessen, was wir ihnen durch rigorose Landwirtschaftspraxis mehr und mehr genommen haben, sozusagen „zurückgeben". Aus dieser Argumentation folgt natürlich, dass zumindest für tierliebende Menschen Zufütterung eigentlich eine ganz logische Konsequenz aus unserem rüden Umgang mit unseren Vögeln als Mitlebewesen darstellt – wenn nicht sogar eine moralische Verpflichtung. Eine entsprechende Meinung wird bei uns auch von anderen namhaften Vogelschützern vertreten.[1] Und der Gedanke ist auch nicht neu: Schon HENNICKE hatte 1912 formuliert, Aufgabe des Vogelschutzes sei es, „den Vögeln das zu ersetzen, was ihnen durch unsere Kultur genommen worden ist."[4]

Der geneigte Leser wird längst gemerkt haben, dass im vorliegenden Buch Fütterung stets als *Zu*-Fütterung verstanden wird. Das hat seinen guten Grund. Wie später klar werden wird (s. S. 14 ff.), lassen sich wild lebende Vögel nicht einfach „durchfüttern", sondern suchen regelmäßig viel Futter selbst, so dass auch noch so reichliche und reichhaltige Fütterung immer nur eine Zufütterung darstellt.

Die Geschichte der Fütterung

Wir wissen nicht, wer wann wo die erste Vogelfutterstelle eingerichtet hat, um Vögeln durch Zufütterung selbstlos zu helfen. In Großbritannien wurden mindestens seit dem 16. Jahrhundert Essensreste in Gärten gestellt, damit sie von Vögeln genutzt werden konnten.[28] Bei uns mag es ähnlich gewesen sein, nachdem um diese Zeit in unserem Land auch der Nistkasten Einzug hielt, der allerdings als „Startopf" oder „Starmeste" (von mästen) zunächst ganz überwiegend der Fleischgewinnung, etwa für „Starensuppe", diente.[1]

Die vielerorts im Bestand zurückgehenden Stieglitze kommen oft an Futterstellen, wenn geeignetes Futter geboten wird.

Ähnlich wie das heutige Vogelschutzgerät „Nistkasten" ist sicherlich auch die Fütterung zu Vogelschutzzwecken aus anderem Ursprung hervorgegangen, nämlich aus der Anfütterung von Vögeln für Fang und Jagd, was seit Jahrhunderten praktiziert wurde, mit einer Fülle von in der Literatur beschriebenen Anleitungen.[29, 30] Eine besonders ansprechende Darstellung zeigt Pieter Brueghels Bild „Winterlandschaft mit Eisläufern und Vogelfalle", ca. 1565.[31] Daneben mögen gutherzige Bäuerinnen im Winter Spatzen, Ammern u. a. Vögel nicht nur in Hühnerfängen geduldet, sondern ihnen, als Vorläufer regelmäßiger Fütterung, gelegentlich eine extra Hand voll Körner zugeworfen haben, oder Metzger hängten einen Schweinenabel und Jäger einen abgehäuteten Fuchskern in Bäume (wobei Letzterer von Meisen bis auf das Skelett abgepickt wurde[5]).

Aber die gezielte Vogelfütterung entwickelte sich zunächst nur langsam. So schreibt Liebe 1894[32], dass die Winterfütterung in den letzten 20 Jahren da und dort mehr volkstümlich geworden sei, aber noch „in ganzen Gauen" fehle. Mit der Wende zum 20. Jahrhundert begann dann ihr enormer Aufschwung, der im Hinblick auf Futtermittel und -geräte „eine ganz neue Industrie" ins Leben rief.[4]

Ein offenes Futterhaus im Landhausstil – beliebt bei Feldsperlingen und vielen anderen Arten – muss vor Regen und Schnee sicher stehen.

Ein Futtersilo gefüllt mit Sonnenblumenkernen – gerade recht für den Kleiber, der hier Hunderte von Kernen holen kann, um sie als Vorrat zu verstecken.

Das Füttern heutzutage

Seinen größten Aufschwung hat das Zufüttern frei lebender Vögel als Winter- und Ganzjahresfütterung zweifellos in Großbritannien erfahren. Dort werden heutzutage für Futtermittel und -geräte jährlich 150–180 Millionen Pfund aufgewendet, und die nahezu 20 Millionen Haus- und Gartenbesitzer, die Vögel zufüttern, stellen jährlich etwa 15 000 t Erdnüsse und 20 000 t Sämereien für sie bereit.[9, 28] In der Bundesrepublik Deutschland dürften Ausgaben für die Fütterung frei lebender Vögel derzeit nach seriösen Schätzungen in der Größenordnung von jährlich etwa 50–80 Millionen Euro liegen, was über 50 000 t Futtermitteln entspricht. Das mag gewaltig erscheinen, relativiert sich aber schnell, wenn man bedenkt, dass allein wir an unseren Ganzjahresfütterungen (s. S. 18 f.) jährlich zwischen 5 und 10 t Futter verbrauchen.

Mit dem Populärwerden der Fütterung im 20. Jahrhundert hat auch eine Fülle von Untersuchungen eingesetzt, die schon früher viele Aspekte betraf: zunächst geeignete Futterhäuser und sonstige Geräte sowie Futtermittel, dann das Fernhalten unerwünschter Arten („Antispatz"-Kampagne) und später die dauerhafte Ansiedlung von „nützlichen" Vogelarten durch Zufütterung für die „Schädlingsbekämpfung" im Forst, Wein- und Obstbau.[5, 33]

Fütterung Untersuchungsprogramme in Großbritannien

Wie die Fütterung selbst, so hat auch ihre methodische und wissenschaftliche Untersuchung inzwischen in Großbritannien den höchsten Stand in der Welt erreicht, von dem wir nur lernen können. Derzeit sind fünf spezielle Programme Fragen der Fütterung gewidmet, nämlich:

- GBFS – „Garden Bird Feeding Survey" des BTO (British Trust for Ornithology); untersucht seit 1970/1971 die an Fütterungen auftauchenden Arten, ihre Populationsdynamik, den Futterverzehr und v. a. die Auswirkungen der Fütterung.[34, 51]
- GWB – „BTO/CJ Garden BirdWatch", ein Gemeinschaftsprojekt des BTO mit dem größten Futtermittel-Anbieter „CJ WildBird Foods"; verfolgt v. a. das Verhalten der Vögel, aber auch Hygiene- und Gesundheitsprobleme.[10]
- WFFB – „Winter Food for Birds"-Programm des BTO; untersucht den Einfluss der Zufütterung von Vögeln in der offenen Landschaft in Abhängigkeit vom Lebensraum in verschiedenen geographischen Einheiten.[35]
- „BirdAid Project" der RSPB (Royal Society for the Protection of Birds); widmet sich ähnlichen Aufgaben wie das WFFB-Programm.[35]
- GBHi – „Garden Bird Health Initiative" der UFAW (Universities Federation for Animal Welfare); untersucht in Verbindung mit dem BTO und anderen Einrichtungen mit rund 1000 Beobachtern Fragen der Hygiene von Futterstellen und eventuellen Krankheitsproblemen (s. S. 40 und 50).[10]

In der Vogelwarte Radolfzell haben wir vor mehr als zehn Jahren begonnen, eine Arbeitsgruppe einzurichten, die sich speziell mit Fragen der Zufütterung, v. a. auch der Ganzjahresfütterung von Vögeln beschäftigt. Ein Tierarzt untersucht dabei zudem Fragen der Hygiene und der Übertragung von Krankheiten an Futterstellen näher (s. S. 40 ff.).

Und was doch nicht dagegen spricht

Von Gegnern, aber auch halbherzigen Befürwortern der Fütterung wild lebender Vögel werden immer wieder „Begründungen" formuliert, die das Füttern als sinnlos oder gar gefährlich brandmarken sollen. Bei näherer Betrachtung zeigt sich, dass die vorgebrachten Argumente fast durchweg auf tönernen Füßen stehen. Sie werden im Folgenden kurz unter die Lupe genommen.

- Immer wieder liest man: „Vögel brauchen keine Fütterung" – sie sind auf das jahreszeitlich unterschiedliche Futterangebot „eingestellt"; in der Natur gibt es „reichlich" Nahrung, zumindest in milden Wintern, und für Weichfresser reichen „Beeren tragende Sträucher" aus.
  Richtig ist, dass zumindest unsere offene Landschaft, die Feldflur, so ausgeräumt ist (s. S. 9), dass die Nahrungsgrundlage für Vögel dort auf alle Fälle im Winterhalbjahr völlig unzureichend ist, wie inzwischen viele Untersuchungen belegen.[24, 36, 37] Was Beeren (auch Obst) anbelangt: Sie sind für viele Arten eine sehr gute *Zusatznahrung*, als alleiniges Futter führen sie jedoch, wie umfangreiche Fütterungsversuche gezeigt haben[38], durch den zu geringen Gehalt an Amino- und Fettsäuren rasch zum Tod, mit Ausnahme von wenigen Ernährungsspezialisten wie dem Seidenschwanz (mit besonders langem und effizientem Darm).
- „Leider herrscht häufig der Irrglaube vor, dass die Vögel das winterliche Futter zum Überleben brauchen. Dabei wird nicht bedacht, dass der starke Rückgang vieler Vogelarten auf die Vernichtung oder drastische Verschlechterung ihrer Lebensräume zurückzuführen ist", wobei „die Lebensgrundlagen entzogen werden".[12]
  Zutreffend ist: Dem ist, was den Lebensraum anbelangt, zuzustimmen, nur wurde leider – in völlig unverständlicher Weise – übersehen, dass bei den geschilderten *Verschlechterungen* den Vögeln v. a. die *Nahrung* verloren ging! Und diese können wir derzeit fast nur – teilweise – durch Zufütterung ersetzen (s. S. 11).
- Mit Füttern werden nur „wenige Allerweltsarten" erreicht und gar zum Nachteil von „empfindlichen" oder „selteneren" Vogelarten begünstigt, sie hilft „keinen bedrohten Arten", da ohnehin nur ganz wenige Arten an Futterstellen kommen.
  Richtig ist: An gut geführten Futterstellen sind in England insgesamt über 150 Vogelarten registriert worden, an unseren in Süddeutschland über 70 (s. S. 28), darunter viele heutzutage gefährdete Arten wie Haus- und Feldsperling, Stieglitz, Star, Hänfling u. a., die nachweislich von der Zufütterung profitieren. Außerdem trägt Fütterung wesentlich dazu bei, erfreulicherweise noch nicht zurückgehende Kleinpopulationen bisher weniger gefährdeter Arten *stabil zu erhalten* (s. S. 18 ff.). Und das ist besonders wichtig, da wir erfahrungsgemäß vielen Arten, wenn sie erst einmal gefährdet sind, überhaupt nicht mehr helfen können.[18]
- Vögel geraten durch Fütterung „in eine Futterabhängigkeit", die über „veränderte Verhaltensweisen" zu „einer geschwächten Lebenskraft" führen[12], und sie hält sie von der „Schädlingsbekämpfung" ab.
  Tatsache ist: Es genügt schon simple Beobachtung von Vögeln, um festzustellen, dass sie selbst bei strengem Winterwetter nur einen *Teil* ihrer Nahrung an Futterstellen aufnehmen und viel Zeit dafür aufwenden, natürliche Nahrung zu suchen, was sie bei mildem Wetter ganz überwiegend tun.[1, 5, 18, 32, 33, 39] Wissenschaftliche Studien belegen derartige Beobachtungsergebnisse in vielfacher Weise (s. S. 18 ff.).
- Bei Fütterung bis in die Brutzeit hinein füttern „bequem gewordene Vögel" ihre Jungen mit „ungeeignetem" Futter von der Futterstelle, das dann zum Tod der Nestjungen führen kann.
  Richtig ist, wie z. B. schon Henze 1943[5] berichtet: Junge Meisen etwa werden „trotz aller Fütterung" nicht etwa mit Winterfutter gefüttert, sondern mit „zarten Räupchen". Entsprechende Ergebnisse bringen sowohl einfache Beobachtungen an Nestern von Vögeln als auch gezielte wissenschaftliche Untersuchungen (s. S. 18 ff.).
- Vogelfütterung führt zum Tod vieler Vögel, da ins Futter gelangender Kot „mit großer Wahrscheinlichkeit zu tödlichen Krankheiten führt" oder sie „das falsche Futter gefressen haben".[12]
  Zutreffend ist, dass Vögel nur in sehr großer Not „falsches" Futter aufnehmen und dann meistens auch nicht daran sterben[38], dass an normalen Futterstellen gar kein „falsches" Futter angeboten wird, und dass Krankheitsübertragungen und gar Todesfälle durch Infektionen an Futterplätzen die große Ausnahme darstellen, weil Vögel aufgrund ihrer Konstitution nur ein geringes Infektionsrisiko besitzen (s. S. 22).

Buntspechte besuchen das ganze Jahr über gern Meisenknödel, aber nicht, um zu verfetten, sondern für eine Mahlzeit „zwischendurch".

- Bei Fütterung „findet keine biologische Auslese mehr statt und so wird auch Vögeln mit schlechten Erbanlagen eine Fortpflanzung ermöglicht"[12]; die „natürliche Selektion" ist gestört.
  Richtig ist: Diese Schlussfolgerung ist gar nicht nachzuvollziehen. Wenn wir heute durch Zufütterung Vögeln gerade einmal einen Teil des Futters ersetzen, das sie in der freien Natur nicht mehr finden, bleiben dadurch alle normalerweise wirkenden Selektionsfaktoren unberührt. Und wenn das an Futterstellen gebotene Futter nicht *ganz genau* den Erfordernissen der Nahrungsgäste entspricht, kann das ihre Auslese nur erhöhen. Zudem gibt es an gut besuchten Futterplätzen erhebliche Auslese durch Prädatoren wie Sperber[31], Katzen, Raubwürger und andere sowie durch Konkurrenz. Und schließlich muss man sich klar machen, dass in unserer tausendfach durch menschliche Eingriffe veränderten Umwelt die Beurteilung einer „natürlichen" Selektion letztlich gar nicht mehr möglich ist.
- Fütterung fördert das Überleben vieler Standvögel und schafft damit unnötige Konkurrenz für Zugvögel.
  Tatsache ist, dass Fütterung, v. a. ausreichend lange Winterfütterung (s. S. 38 ff.) und erst recht Ganzjahresfütterung, nicht nur Stand-, sondern auch vielen Zugvögeln hilft (s. S. 27 ff.) und dass bei der derzeitigen Ausdünnung unserer Vogelbestände (s. S. 8) sowohl die inner- als auch die zwischenartliche Konkurrenz abnimmt. Martin Kraft hat außerdem festgestellt, dass bei Ganzjahresfütterung Konkurrenzverhalten sogar stark *reduziert* wird, v. a. durch Abnahme der Revierverteidigung.[40]
- Folge der Winterfütterung: „Geringere Eizahl bei einigen Arten durch winterlichen Dichtestress am Futterhaus".[11]
  Richtig ist, dass Zufütterung die Fortpflanzung und deren Erfolg bei Vögeln generell positiv beeinflusst, und zwar in vielen Bereichen (s. S. 21).
- Fütterung von Fleisch zieht Meisen u. a. Arten „zu wütenden Fleischfressern heran, so dass sie sich dann in der freien Natur an wehrlosen Vögeln vergreifen können".[4]
  Zutreffend ist: Auch viele kleinere Vögel wie Amsel oder Buntspecht erbeuten Jungvögel aus fremden Nestern, ohne dass dafür eine „Fehlprägung" durch Fleischfütterung erforderlich wäre.

Interessantes aus Besprechungen und Zuschriften

Das Buch „Vögel füttern – aber richtig“ ist in wissenschaftlichen und populären Zeitschriften, Tageszeitungen, Vereinsmitteilungen usw. über 50-mal besprochen worden, zu etwa 60 % (sehr) positiv, zu 30 % neutral und zu knapp 10 % – aus sehr leicht durchschaubaren ideologischen Gründen – negativ, von einem ganz „Mutigen“ sogar anonym (Vogelwelt 127: 264, 2006). Im Folgenden einige (be)merkenswerte Zitate:

Wer ganzjährig Fettfutter anbietet, kann in der Nähe von Mischwäldern auch mit dem seltenen Mittelspecht rechnen.

„Als ich dieses Buch in die Hände bekommen habe, habe ich als Erstes gedacht: Endlich, denn ein solches Buch hat auf dem deutschsprachigen Markt wirklich gefehlt, und als ich es durchgelesen hatte, hätte ich mir gewünscht – leider wohl ein Tagtraum – dass dieses Buch in millionenfacher Auflage gedruckt und an alle oder meinetwegen über eine niedere Schutzgebühr gesteuert, an alle interessierten Haushalte verteilt würde. Damit wäre dem Vogelschutz in Deutschland mehr gedient als durch noch so ausgefeilte Gesetzgebungen, rote Listen oder Resolutionen der verschiedensten Art.“ (N. Rieder, Zool. Inst. Univ. Karlsruhe, BNA-aktuell 1, 2007)

„Das Büchlein des Ehepaares Peter Berthold & Gabriele Mohr: ‚Vögel füttern‘ [...] hat mich so überzeugt und begeistert, dass ich sogleich 10 Stück [...] bestellt habe. Ein idealeres Weihnachtsgeschenk kann ich mir [...] nicht vorstellen [...] Ein besseres Autorenpaar hätte man kaum anderswo auf der Welt finden können.“ (W. Thiede, Ornithol. Mitt. 58: 395, 2006)

Bei regelmäßiger Fütterung lassen sich auch die winzigen Wintergoldhähnchen an Futterstellen gewöhnen.

„Vogelfüttern ist wichtiger denn je, denn die ausgeräumte Zivilisationslandschaft hat selbst häufigen Arten neben anderen Lebensgrundlagen auch die Nahrung weitgehend entzogen [...] Nicht nur deshalb ist das Büchlein jedem zu empfehlen, sondern weil dieser kurzgefasste Ratgeber wirklich Biologie unter die Leute bringt.“ (E. Bezzel, Falke 53:440, 2006)

„Befreiungsschlag für Naturfreunde [...] Praxiserprobt, optimal, wichtig und umfassend sind die passenden Schlagworte für dieses Buch [...] ein Muss.“ (T. Griesohn-Pflieger, Vögel 2: 92, 2007)

„Insgesamt wird die Winterfütterung von uns viel ‚liberaler' als früher betrachtet [...] wird sie auch nicht mehr negativ beurteilt [...] Wer füttern will, darf das gerne tun." (H. Opitz, NABU-Vizepräsident, Ber. Vogelschutz 43: 150, 2006)

„Dem wichtigen [...] Buch [...] ist [...] weite Verbreitung [...] und Anwendung der höchst kompetenten Empfehlungen zu wünschen." (H.-W. Helb, Univ. Kaiserslautern, Polichia-Kurier 23: 62, 2007)

„Das bunte Stelldichein am Futterhäuschen ist mehr als eine Augenweide: Es ist heute ein Beitrag zum Artenschutz und zum Erhalt der Artenvielfalt." (E. & M. Pfefferle, Natur Regio 2: 24, 2007)

„Selten habe ich ein Buch so intensiv gelesen [...] Bereits an diesen kurzen (eigenen) Beobachtungen kann man erkennen, wie wichtig es ist, den Vögeln Zusatzfütterungen zu bieten." (J. Stahl, Gefiederte Welt 12: 356, 2007)

„Mit sehr großem Interesse habe ich Ihr Buch [...] gelesen und zähle mich nun umso mehr zu den ganzjährigen (Zu-)Fütterern. Vielen Dank dafür!" T. A., Steinbach

„Zum Nikolaustag bekam ich [...] das Buch [...] geschenkt. Ich entschied mich [...] mit dem Rauchen aufzuhören [...] und mit dem gesparten Geld etwas für die Vogelwelt zu tun." J. B., Heidelberg

„Es ist mir ein Anliegen, Ihnen für Ihre Arbeit, die [...] mein Leben unverhofft bereichert hat, ganz herzlich zu danken. ... kaufte ich sogleich Ihr Büchlein und richtete eine Futterstation ein [...] Dank Ihres Wirkens wird bei uns ab sofort das ganze Jahr gefüttert!" M. G., Walkersaich

„Sie argumentieren, für uns absolut überzeugend und nachvollziehbar [...] für eine ganzjährige Fütterung von Vögeln." P. H., Hattingen

„Angeregt durch Ihr Buch habe ich ein Futtersilo mit Feinsämereien aufgehängt, das nach kurzer Zeit von Stieglitzen besucht wurde." F. S., Brodenbach

Für die oft kurzfristig in Schwärmen einfallenden Bergfinken richtet man am besten umgehend Bodenfutterstellen ein.

Die Wissenschaft gibt uns Recht

Die meisten wissenschaftlichen Untersuchungen in Bezug auf die Zufütterung von Wildvögeln werden in Großbritannien durchgeführt. Bei uns und in anderen Ländern haben sie einen relativ geringen Umfang, aber auch diese Arbeiten summieren sich inzwischen zu einer langen Liste. Und schließlich haben wir in der Vogelwarte Radolfzell vor rund zehn Jahren eine Reihe von Projekten begonnen, die verschiedene Fragen der Fütterung klären sollen.

Die Untersuchungen

In Großbritannien laufen derzeit fünf spezielle, ausschließlich oder überwiegend Fragen der Zufütterung von Wildvögeln und deren Auswirkungen gewidmete Untersuchungsprogramme (s. S. 13). In Deutschland hat KRAFT bereits 1988[40] eine breit angelegte mehrjährige Studie über Auswirkungen der Ganzjahresfütterung durchgeführt, die viele wichtige Ergebnisse brachte. Leider ist diese überaus aufschlussreiche Arbeit von den vielen Schreiberlingen über Vogelfütterung völlig übersehen oder ignoriert worden.
In etwa zehn verschiedenen Ländern (darunter vor allem Großbritannien, aber auch Holland, Skandinavien, den USA u. a.) sind in den letzten 30 Jahren an über 15 Vogelarten die Auswirkungen von Zufütterung auf den Legebeginn und die Gelegegröße untersucht worden, wovon die bis 1997 erzielten Ergebnisse von NAGER u. a.[41] zusammengefasst wurden.
Wir haben in der Vogelwarte Radolfzell zunächst im Rahmen unserer Forschungsprogramme an Grasmücken analysiert, warum mitteleuropäische Mönchsgrasmücken seit den 1960er Jahren nicht mehr ausschließlich in den Mittelmeerraum und nach Afrika ziehen, sondern zunehmend in England überwintern. Dabei konnten wir eine einzigartige „Erfolgsstory" aufdecken, die eine ganz wesentliche Grundlage in der Zufütterung der Mönchsgrasmücken an Futterstellen hat (s. S. 19).
In einem langjährigen Forschungsprogramm haben wir v. a. seit den 1970er Jahren an über 50 Vogelarten und Tausenden von Individuen detaillierte Ernährungsuntersuchungen durchgeführt. Dabei wurden zum einen Vögel im Freiland systematisch beobachtet, etwa im Hinblick auf den Verzehr von Efeubeeren[42], weiterhin wurden mit Hilfe von, für den Vogel gänzlich ungefährlichen Magen-Darm-Spülungen Magen- und Darm-Inhalte gewonnen, so dass die Nahrungszusammensetzung analysiert werden konnte[43], und schließlich wurde an vielen Arten – auch solchen, die regelmäßig Futterstellen aufsuchen – geprüft, was und wie viel sie fressen, welche Nahrung sie bevorzugen und welche Nahrungsbestandteile sie unbedingt benötigen.[38, 44]
Diese Studien werden heute v. a. von meinem früheren Mitarbeiter Prof. Dr. Franz BAIRLEIN im Institut für Vogelforschung in Wilhelmshaven fortgesetzt.
Vor gut zehn Jahren haben wir begonnen, uns systematisch mit Fragen der Zufütterung wild lebender Vögel an Futterstellen zu beschäftigen und dabei insbesondere auch mit der Ganzjahresfütterung. Auslöser dafür waren v. a. folgende Zufallsbeobachtungen: Meine Familie hält seit 1975 eine kleine Schafherde, ca. 300 m vom Dorf Billafingen (im Bodenseeraum) entfernt auf einer Streuobstwiese, die an Wiesen, Felder und Wald angrenzt. Die Schafe erhalten täglich meist zweimal eine kleine Portion Hafer, um sie handzahm zu halten. Durch Haferreste in den Futterkrippen stellten sich alsbald vom Dorf Haus- und vom Umland Feldsperlinge ein. Mit der Einrichtung einer Ganzjahresfütterung ließ sich von beiden Arten eine beständige Population aufbauen (s. S. 20).
Inzwischen führen wir Untersuchungen an sechs Ganzjahresfütterungen durch: zunächst an einer vor mehr als zehn Jahren in der Vogelwarte Radolfzell angelegten, dann seit fünf Jahren an unserer Schafweide und an einer zweiten in Billafingen an unserem ca. 200 m davon entfernten Wohnhaus sowie seit 2005 an drei weiteren Futterstellen, die bei Alberweiler (einem Nachbarort von Billafingen) in einem abgelegenen Feldgehölz eingerichtet wurden. Alle bestehen aus Haupt- und Nebenfutterstellen. An den Fütterungen werden in einiger Entfernung Vögel regelmäßig

An Bodenfutterstellen mit Fleisch und Fisch erscheinen oft Großvögel wie Bussarde, Graureiher, aber auch Kolkraben oder Adler.

(ein- bis dreimal monatlich) in Kunststoffnetzen gefangen und beringt. Auf diese Weise können wir die Futterstellen besuchenden Arten und Individuen quantitativ erfassen und ihr jahres- und tageszeitliches Erscheinen an den Futterstellen bestimmen. Die Wiederfänge beringter Vögel geben Aufschluss über Ortstreue, Aufbau der lokalen Population, die Überlebensrate u. a. m. Mit Hilfe von etwa 150 Nistkästen auf der Schafweide und in Alberweiler wird verfolgt, welche Arten und wie viele Individuen sich in der Nähe der Futterstellen ansiedeln, wie sie die Futterstellen nutzen, welchen Bruterfolg sie aufweisen usw. 2001–2003 prüfte der Tierarzt Andreas Straub in unserem Institut an fünf eigens dafür eingerichteten Futterstellen bei Möggingen, ob unterschiedlicher Hygienestatus der Futterstellen („sauber": wöchentliche Reinigung, „verschmutzt": ohne Reinigung) einen Einfluss auf die Verbreitung von Krankheitserregern (pathogenen Mikroorganismen) in der Wildvogelpopulation hat. Dafür wurden Blut- und Kotproben sowie Kloakenabstriche von 1200 Vögeln 25 verschiedener Arten untersucht (s. S. 40).

Die wesentlichen Ergebnisse

Obwohl die wissenschaftliche Untersuchung der Zufütterung von frei lebenden Vögeln noch eine relativ junge Disziplin mit vergleichsweise mäßigem Umfang ist, hat sie dennoch inzwischen so viele, ganz überwiegend positive Ergebnisse erbracht, dass diese ausführlich nur in einer eigenen größeren Übersicht dargestellt werden könnten. Da hier Beschränkung erforderlich ist, werden sie kurz kursorisch behandelt, aber unter Angabe von Originalquellen, über die sich der interessierte Leser näher informieren kann.

Die „Erfolgsstory" Mönchsgrasmücke

Seit den 1960er Jahren ziehen mitteleuropäische Mönchsgrasmücken im Herbst nicht mehr ausschließlich in den Mittelmeerraum und nach Afrika, sondern überwintern zunehmend in Großbritannien, so dass z. B. „von Oktober 2003 bis März 2004 Ornithologen in jedem dritten Hausgarten Mönchsgrasmücken an den Futterhäuschen beobachten konnten".[45] Wir haben durch Züchtungsversuche nachgewiesen, dass die Pioniere dieser Entwicklung durch genetische Variation bedingte Abweichler von der normalen Zugrichtung waren, die früher keine Überlebenschance hatten, heute aber für ihr „Fehlverhalten" belohnt werden: Sie finden in Großbritannien ein konkurrenzarmes Winterquartier mit einer Reihe von Vorteilen, davon wohl als wichtigsten die überall in Hausgärten verfügbaren Futterstellen, die sie v. a. in der zweiten Hälfte des Winters ganz intensiv nutzen, wenn die natürliche Nahrung nicht mehr ausreichen würde.[46] Da die auf den Britischen Inseln überwinternden Mönchsgrasmücken als Erste in ihre Brutgebiete zurückkehren, brüten sie auch bevorzugt miteinander, wodurch die neuen Zuggewohnheiten und damit zusammenhängende Verhaltensweisen rasch zunehmen. Damit hat die Zufütterung der Art enorme Vorteile gebracht, die sogar zur Bildung einer neuen Vogelart beitragen könnten.[45, 47]

Die „Erfolgsstory" Weißstorch

Um 1950 waren die Storchenbestände in der Schweiz und in einigen anderen Gebieten West- und Mitteleuropas ganz oder weitgehend erloschen. Dem Schweizer Vogelschützer Max Bloesch ist es durch Zurückhalten, Zucht und Ausbürgerung von Störchen gelungen, ab den 1960er Jahren eine semidomestizierte Ersatzpopulation aufzubauen, die heute bis nach Skandinavien ausgeweitet wird. Entscheidend für den Erfolg war eine *intensive Zufütterung* der Störche, v. a. mit Eintagsküken oder Fischen – und diese ist auch heute noch der Garant für guten Bruterfolg, da die Nahrungsbasis für Weißstörche in vielen Gebieten Europas unzureichend ist. Sie stellt einen Hauptgrund für den Rückgang natür-

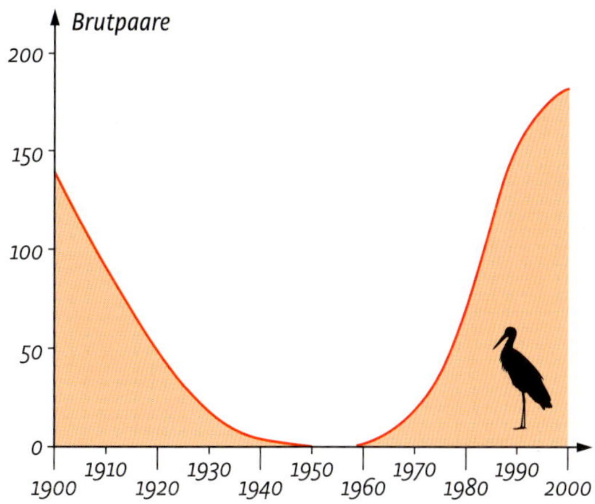

Der Weißstorchbestand in der Schweiz: Abnahme bis zum Aussterben 1950, ab 1960 Entwicklung einer eingebürgerten semidomestizierten Population

licher Storchenpopulationen dar.[46] Wem das nicht so recht einleuchten will, der muss sich nur einmal klar machen, dass ein Storchenpaar mit vier halbwüchsigen Jungen täglich ca. 5 kg Futter beschaffen muss!

Erfolgsgeschichte Sperlingsansiedlung

Über unsere Schafhaltung (s. S. 18), das damit zusammenhängende Auftauchen von Haussperlingen und die nachfolgende Einrichtung von Ganzjahresfütterungen ist es uns gelungen, eine Haussperlingspopulation von etwa 30 Brutpaaren neu aufzubauen. Die Vögel brüten in großen Gebäuden am Ortsrand und verbringen praktisch den ganzen Tag in der Nähe und Umgebung der beiden Fütterungen, so dass es bei uns überall „schilpt" wie auf Bauernhöfen „in der guten alten Zeit". In bis zum Dach wuchernder Klematis, riesigen Kletterrosen- und Ligusterbüschen finden sie ideale Schutz bietende Aufenthaltsplätze. In Verbindung mit Nistkästen konnten wir zudem eine Population von rund 20 Feldsperling-Brutpaaren ansiedeln – die größte weit und breit. Diese Ergebnisse mögen bescheiden erscheinen, aber sie seien hier aufgeführt, weil sie von vielen relativ leicht nachvollzogen werden können. Und bereits Kraft[40] konnte bei mehrjähriger Ganzjahresfütterung innerhalb von drei Jahren eine Feldsperlingspopulation von einem Paar auf elf Paare vergrößern.

Die Zunahme von Vögeln in Gärten und in der Feldflur

Im Rahmen des 35-jährigen „Garden Bird Feeding Survey" in Großbritannien wurde geprüft, wie Vögel auf das ständig verfügbare Nahrungsangebot an Futterstellen reagieren. Es zeigte sich, dass von 1970–2000 bei 21 von 41 untersuchten Arten die Anzahl der an Futterstellen beobachteten Individuen *signifikant zugenommen hat* – bei einer ganzen Reihe davon erst in den letzten zehn Jahren.[48] Es kommt also zu einer Traditionsbildung, die aber z. T. erst spät einsetzen kann und Geduld erfordert. Mit der Einrichtung von Fütterungen im Feldgehölz in Alberweiler konnten wir die Anzahl anwesender Individuen von einem Winter zum anderen etwa auf das Zehnfache steigern, außerdem erschienen neue Arten wie Weidenmeise und Raubwürger.

Besonders eindrucksvoll sind die Ergebnisse der Langzeitstudie von Kraft auf 19 ha großen Untersuchungs- und Kontrollflächen in Marburg.[40] Bei ganzjähriger Zufütterung mit reichhaltigem Mischfutter nahm die Anzahl der Arten im Untersuchungsgebiet von 1982–1984 von 44 auf über 50 zu, die der Reviere (Brutpaare) sogar von 104 über 220 auf 273! Diese Zunahme war am stärksten bei der Kohlmeise (von 5 auf 29 Paare); aber auch bei etwa zehn weiteren Arten stieg die Zahl der Brutpaare auf mindestens das Doppelte und beim Feldsperling (s. o.) auf etwa das Zehnfache an. Da alte Eichen-Hainbuchen-Bestände mit ihrem Nahrungsreichtum bis zu 270 Vogelpaare/10 ha beherbergen können, liegen die erzielten Bestandssteigerungen noch völlig im normalen Bereich.

Ansiedlung durch Winterfütterung

Wenn schon Futterstellen mehr Vögel in Gärten anlocken können und Ganzjahresfütterung die Brutvogeldichte erheblich zu steigern vermag, dann stellt sich natürlich die Frage: Lassen sich auch schon mit Winterfütterung mehr Vögel dauerhaft ansiedeln? Diese Frage wurde bereits früher durch Untersuchungen in Weinbaugebieten und Wäldern positiv beantwortet[5], und für Kohl- und Blaumeise sowie die amerikanische Singammer liegen eine Reihe von Untersuchungen vor, die Siedlungsdichtesteigerungen infolge von Winterfütterung belegen.[40] Positive Effekte waren auch schon 1990 dem BUND aufgefallen, so dass in einem Jahresbericht zu lesen ist: „Die Goldammern profitieren von den Fasanenfütterungen."

Außer im Futterhaus oder -silo kann Futter wie Hirsekolben – im Bild mit Feldsperling – auch frei aufgehängt werden, dann aber vor Regen geschützt.

Positive Auswirkungen auf die Fortpflanzung

Es lag natürlich nahe anzunehmen, dass sowohl eine in die Brutzeit hinein ausgedehnte Winter- als auch v. a. die Ganzjahresfütterung Auswirkungen auf die Brutbiologie haben könnten, weshalb sie besonders sorgfältig untersucht werden. Bisher zeichnet sich ab: Zufütterung verfrüht offenbar generell den Legebeginn. Über 15 daraufhin untersuchte Arten zeigten eine Vorverlegung der Eiablage um durchschnittlich etwa eine Woche (1–25! Tage)[41], besonders in ungünstigen Jahren in Bezug auf das natürliche Nahrungsangebot. Dadurch verlängert sich die Zeit für Jungvögel, bis zum Winter hin völlig selbstständig zu werden, und die Chancen für Ersatz- und Zweitbruten nehmen zu, was den Bruterfolg erheblich steigern kann. Verfrühte Legebeginne konnten sowohl mit energie- als auch mit eiweißreicher Zufütterung erzielt werden.

Für ebenfalls über 15 entsprechend untersuchte Arten wurde gezeigt, dass Zufütterung die Gelegegröße (Anzahl der gelegten Eier) erhöht, z. T. um bis zu 20 %.[41] Weiterhin kann zusätzliche Fütterung sowohl mit energie- als auch mit eiweißreicher Nahrung (z. B. Sonnenblumenkernen bzw. Mehlwürmern) die Eigröße steigern und die Eiqualität verbessern, wie für eine Reihe von Arten gezeigt wurde, und auch die Eiablagefrequenz kann sich erhöhen.[41, 49, 50] Alle diese genannten positiven Effekte lassen natürlich erwarten, dass Zufütterung zu mehr ausfliegenden Jungvögeln und insgesamt zu höherem Bruterfolg führen kann, wie einschlägige Studien zeigen. Voraussetzung dafür ist, dass die Fütterung nicht zu früh in der Brutperiode abgebrochen wird[41] – sie sollte idealerweise ganzjährig stattfinden.

Ob Jungvögel, die mit Vorteilen der Zufütterung aufgewachsen sind, schon allein deshalb besser überleben, leichter durch den Winter kommen und später selbst relativ höheren Bruterfolg erzielen, ist bisher nicht erwiesen[52], aber natürlich durchaus zu erwarten. Jungstare, die in der Vogelwarte Radolfzell in Außenvolieren gehalten wurden, brüteten jedenfalls bei guter Fütterung alle bereits im ersten statt im zweiten Lebensjahr und vergrößerten damit ihr Vermehrungspotenzial erheblich.

Mehr frei brütende Vögel durch Zufütterung

Die bisher beschriebenen Untersuchungen sind hauptsächlich an Höhlen- und Koloniebrütern durchgeführt worden. In Großbritannien wurden in letzter Zeit auch Ammern, Finkenvögeln, Sperlingen, Drosselvögeln u. a. in der offenen Feldflur im Winter zusätzliches Futter geboten, und zudem wurde die Größe der Brutpopulationen in der Umgebung der Futterstellen erfasst. Dabei zeigte sich, dass bei Heckenbraunelle, Haussperling und Goldammer ein sehr deutlicher Anstieg, bei der Amsel ein deutlicher und bei der Rohrammer ein leichter Anstieg erfolgt war. Offensichtlich ist entscheidend, dass möglichst viele Individuen von Futterstellen profitieren können, und wenn das gewährleistet ist, „kann Winterfütterung bei zurückgehenden Arten den Bestand anheben" und zu einer „Schlüssel-Strategie für den Erhalt der Artenvielfalt werden" – die Zufütterung sollte daher ausgebaut werden.[53]

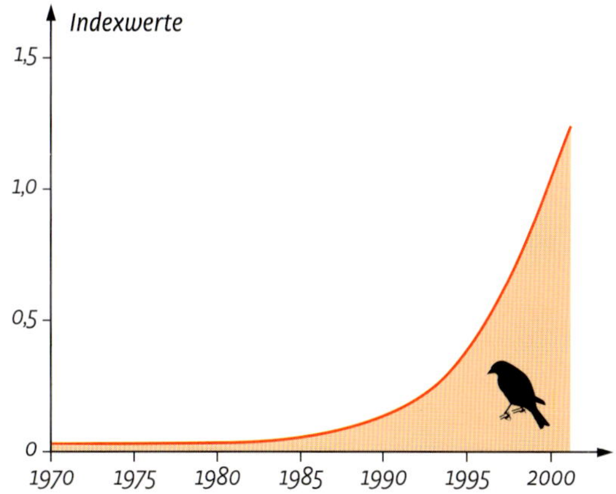

Die Kurve zeigt, wie stark die Stieglitz-Besuche an Futterstellen in England zugenommen haben – aber erst mit Traditionsbildung etwa ab 1990.

Keine Futterabhängigkeit und kein „falsches" Futter für Jungvögel

Unsere Beringungs- und Beobachtungsergebnisse zeigen: Vögel nutzen Futterstellen im Winter – und noch mehr im Sommerhalbjahr – meist je nach Art für eine oder wenige „Mahlzeiten" am Tag (z. B. Spechte, Eichelhäher) oder für eine Reihe von über den Tag verteilten Futteraufnahmen (z. B. Meisen, Kleiber, Amsel) und gehen zwischendurch regelmäßig stundenlang auf die Suche nach natürlicher Nahrung. Überwiegende Körnerfresser wie v. a. Haussperling und Grünling verbringen insbesondere bei Schnee auch längere Zeit an Futterstellen, suchen aber bei offenem Boden ebenfalls *stundenlang* natürliche Nahrung. Feldsperling und Goldammer z. B. fressen bevorzugt vormittags und

dann nochmals kurz vor Einbruch der Dunkelheit, um danach mit gefülltem Kropf zum Schlafplatz zu fliegen. Von einer „Futterabhängigkeit“ im Sinne einer „Wohlstandsverwahrlosung“ kann somit keine Rede sein, was auch schon frühere Untersuchungen deutlich gezeigt haben.[5, 40]
Wie jede systematische Beobachtung schnell erkennen lässt, füttern weder Meisen noch Stare und nicht einmal Körnerfresser wie Haus- und Feldsperling ihre Jungen einfach mit „falschem“ Futter von Futterstellen, auch wenn das im Überfluss vorhanden ist, sondern überwiegend mit oft mühsam gesammelter tierischer Nahrung (Insekten, Spinnen, Schnecken u. a.). Häufig ist der Fall, dass Altvögel (Meisen, Stare, Grasmücken u. a.) *zwischen den Fütterungen ihrer Jungen selbst* energiereiche Nahrung an Futterstellen – sehr gern von Meisenknödeln – aufnehmen. Das hilft z. B. Staren, das heutzutage oft nur mit viel Aufwand in großer Entfernung von der Nisthöhle zu erreichende Nestlingsfutter (vielfach Larven der Wiesenschnake) überhaupt in einigermaßen ausreichender Menge für eine erfolgreiche Jungenaufzucht zu beschaffen.
Genaue Studien an Kohl- und Blaumeisen haben ergeben, dass bis zu etwa 15 % der Nestlingsnahrung von Futterstellen stammen kann.[54] Das ist unbedenklich bis *positiv* zu sehen, wenn man bedenkt, dass viele Arten bei Insektenmangel sonst Beeren verschiedener Art verfüttern, z. T. in großen Mengen.[55] Da Beerenfütterung Jungvögeln zwar die Mägen füllt, aber nur sehr wenige Nähr- und Aufbaustoffe zuführt[38], ist Zufüttern von nahrhaften Futtermitteln an Futterstellen ohne Zweifel als vergleichsweise *vorteilhaft* zu sehen.
Natürlich mag es vorkommen, dass Meisen und andere Arten bei Insektenmangel auch gelegentlich wirklich falsches Futter an ihre Jungen verfüttern, wie z. B. Leberwurstreste, die unsinnigerweise in ein Futterhaus gelegt worden sein mögen. Aber an derartigem Futter werden die wenigsten Jungvögel sterben. Wie jeder erfahrene Vogelhalter von der Handaufzucht her weiß, wird ungeeignetes Futter von Jungvögeln häufig rasch ausgeschleudert – etwa salzhaltige Nahrung oder Quark, wenn er säuert. Weit mehr Jungvögel sterben, wenn in Hausgärten ständig mit Giftspritzen herumgewerkelt wird, etwa an Rosensträuchern oder Stauden oder wenn Gifte gegen Schnecken, Ameisen und sonstiges „Ungeziefer“ ausgebracht werden, noch dazu häufig unsachgemäß und im Übermaß. Damit kann leicht natürliche Nahrung für Jungvögel kontaminiert werden, die ihnen dann rasch den Tod bringt.

Keine Ausfälle durch Zufütterung

Zwei Fakten belegen klipp und klar, dass Vogelverluste an Futterstellen, die durch das Füttern verursacht werden könnten, äußerst gering sein müssen: zum einen die ständig, auch über Jahre zunehmende und nicht etwa abnehmende Anzahl von Futterstellenbesuchern[40] und zum anderen die hohe Wiederfangrate von an Futterplätzen beringten Vögeln. Sie liegt bei unseren Beringungsprogrammen häufig in einer Größenordnung von über 50 % und zeigt, dass die Zusammensetzung von Futterstellen besuchenden Populationen aus jungen, alten und sehr alten Individuen dem Altersaufbau normaler Populationen entspricht, die nicht zugefüttert werden.
Selbst die tierärztlichen Untersuchungen (s. S. 40) ergaben keinerlei Hinweise auf irgendeine Verbreitung pathogener Keime an Futterstellen, auch nicht in der warmen Jahreszeit und wenn der Futterplatz nicht sauber gehalten wurde. Damit dürften subletale Infektionen ebenso die Ausnahme sein wie seuchenartige Ausfälle etwa durch Salmonellen und andere Erreger (s. S. 40 und 50). Das ist auch nicht verwunderlich, da Vögel aufgrund ihrer Konstitution zweifach gut geschützt sind: Zum einen gewährleistet ihre permanent hohe Körpertemperatur (bis ca. 45 °C![46]) – wie bei uns ausnahmsweise Fieber – einen hohen Infektionsschutz, und zum anderen haben sie ein sehr gut funktionierendes Immunsystem.

Fazit: Viele positive Effekte

Die Winter- und noch weit mehr die Ganzjahresfütterung bringt vielen Vogelarten *eine ganze Palette von Vorteilen, ohne sie dabei zu gefährden*. Mit der Ausweitung v. a. der ganzjährigen Fütterung werden künftig hoffentlich noch weit mehr Individuen und Arten erreicht werden, was in wünschenswerter Weise dazu führen könnte, dass z. B. da und dort die Feldsperlinge wieder zunehmen, infolge der Klimaerwärmung immer früher aus dem Winterquartier heimkehrende Zugvögel Nachwintereinbrüche gut überstehen, Stare ihre Jungen wieder leichter aufziehen können oder Stieglitze eine so erfreuliche Bestandserholung zeigen wie derzeit in Großbritannien usw. Wenn bei der Zufütterung von Wildvögeln künftig Einschränkungen zu machen sind, dann lediglich in Bezug auf die Futterqualität, die Darbietung des Futters und natürlich – aus Sicherheitsgründen – in puncto Hygiene. Alle diese Erfordernisse lassen sich jedoch leicht erfüllen, wie ab Seite 33 gezeigt wird.

Die Forschung geht weiter

Höchst interessant und wichtig: In den vielen umfangreichen Besprechungen, Internet- und sonstigen Diskussionen ist außer persönlichen Ansichten (wie z. B. „Die Natur ist kein Freiluft-Zoo“) kein einziges wissenschaftlich begründetes Argument aufgeführt worden, das gegen die Ganzjahresfütterung spräche, noch ist einer der vielen guten Gründe, die wir aufgeführt haben, entkräftet worden. Inzwischen sind aber viele Arbeiten mit neuen positiven Erkenntnissen und guten Hinweisen für die Praxis erschienen, die wir hier kurz auflisten.

Haussperlinge zeigen sich dankbar

Mehr als zehn Arbeiten dokumentieren den (weiteren) Rückgang von Haussperlingen und verwandten Formen, z. T. weltweit, zeigen aber auch klar: Wesentliche Ursache ist Nahrungsmangel. Vor allem dort sieht es besser aus, wo Futter angeboten wird[a]. Im Umfeld unserer Fütterungen sind die Brutpaare beim Haussperling von ca. 30 und beim Feldsperling von 20 (s. S. 20) auf jeweils mindestens 50 angestiegen, und an einer Fütterung erscheinen an manchen Tagen über 100 Individuen von jeder Art!

[a] Beispielsweise Boileau 2007, Alauda 75: 413; Brichetti et al. 2008, Ibis 150: 177; Dilawar 2006, Hornbill: 35; Kübler 2006, Vogelwarte 44: 191; Peach et al. 2006, J. Ornithol. 147: 19; Toms et al. 2006, J. Ornithol. 147: 117; Vincent et al. 2006, J. Ornithol. 147: 19

Die Vögel werden wieder mehr

Erneut belegt – Futterstellen erhöhen die Vogeldichte[b], verfrühen den Legebeginn und führen zu mehr ausfliegenden Jungen, also einem erhöhten Fortpflanzungserfolg[c], können den Rückgang von Arten stoppen oder gar umkehren[d], die Neuansiedlung von Kohlmei-

[b] Fuller et al. 2008, Diversity Distribution 14: 131
[c] Robb 2008, Biol. Lett. 4: 220
[d] Siriwardena 2007, J. Appl. Ecol. 44: 920

Wie beim Haussperling lassen sich auch beim Feldsperling durch ganzjährige Zufütterung lokale Populationen wieder aufbauen.

Ganzjahresfütterung macht auch Schwanzmeisen nicht „abhängig“, führt sie aber immer wieder zur gewohnten Futterstelle.

Jahrelange Ganzjahresfütterung lockt immer wieder auch neue Arten zu Futterstellen, wie in England den Birkenzeisig.

Wer regelmäßig füttert, kann durchaus auch mit „Irrgästen" rechnen, wie z. B. mit einer Kappenammer.

Unsere Feldlerchen nehmen dramatisch im Bestand ab – vielleicht gelingt es im Laufe der Zeit, ihnen an Futterstellen im Außenbereich zu helfen.

sen mit erheblich höherem Bruterfolg bewirken[e] und wohl auch zunehmend Greifvögeln wie Adlern, Geiern (s. S. 59) helfen[f]. Der Stieglitz erreichte in England dank Zufütterung inzwischen die Liste der Top 12-Arten[g]!

Seltene Gäste gezielt anlocken?

Kraft konnte in seinen Untersuchungen im Jahr 1997 insgesamt 88 Arten am Futterhaus nachweisen[e] (frühere Zahlen belegen nur 61 Arten, s. S. 28). Aus England gibt es interes-

[e] Kraft, Habilschr. Univ. Marburg 1997
[f] Blanco 2006, Ardeola 53: 341; Heath 2008, Brit. Birds 101: 152
[g] Glue 2007, BTO News Sept.: 16

sante Beobachtungen von Goldhähnchen, die von Erdnüssen fressen[h], sowie von Birkenzeisigen, die neuerdings dort an Futterstellen kommen[i], aus Österreich gar von der äußerst seltenen Kappenammer[k]. Selbst in der Wildnis Australiens wird die Vogelfütterung zunehmend praktiziert und diskutiert (diverse Autoren in der vierteljährlich erscheinenden, australischen ornithologischen Zeitschrift „Wing span" im März 2008).

Während Grünlinge an den meisten Futterstellen erscheinen, sind Spatzen vielerorts so selten geworden, dass sie überall zugefüttert werden sollten.

Futterpflanzen und Futtermittel

In einigen Zeitschriften und Publikationen sind ausgezeichnete Artikel und Zusammenfassungen über Futterpflanzen und Futtermittel erschienen. Eine hervorragende Serie darüber ist in den Ausgaben von 2008 der Zeitschrift „Gefiederte Welt" zu finden, zuletzt Teil 10 über den Beifuss. Unter der Internetadresse www.versele-laga.com gibt es eine ausgezeichnete Übersicht über verschiedene, als Vogelfutter geeignete Samen von Prestige (2007). Hohla schrieb in der Zeitschrift ÖKO-L (Nr. 26: 3) über die Eignung verschiedener Hirsen. Welche Vogelarten welches Getreide (Weizen ungeschält, Weizen geschält, Roggen, Hafer, etc.) bevorzugt fressen, wurde von Perkins[l] untersucht. Eine Auflistung von verschiedenen Pflanzen für Gärten, die Vögeln nützen, haben Anita und Norbert Schäffer aufgestellt (Gartenvögel, Aula 2006), ein guter Beitrag über Lebendfütterung mit Insekten stammt von Kühn[m].

So gut wie keine Meldungen über Krankheiten

Von Futterstellen gibt es auch weiterhin nur vereinzelte Nachweise von Koli-Bakterien[n] und nur beim Grünling in England eine Reihe von Trichomonase-Fällen[o]. Was man tun sollte, wenn kranke oder gar tote Vögel in der Nähe einer Futterstelle gefunden werden, steht auf S. 50.
Die Stallpflicht von Geflügel bei einer Gefährdung wegen

[h] McCanch 2006, Brit. Birds 99: 580
[i] Eds 2006, Brit. Birds 99: 370
[k] Petutschnig 2006, Limicola 20: 208
[l] Perkins et al. 2007, Bird Study 54: 46
[m] Kühn 2008, Gefiederte Welt 11
[n] Foster et al. 2006, Appl. Environm. Microbiol. 72: 2265
[o] Glue 2007, BTO News Sept: 17

Der Neubürger Türkentaube geht vielerorts im Bestand wieder zurück und sollte von Futterstellen nicht ausgeschlossen werden.

Vogelgrippe kann Zufütterung von Türkentauben und anderen heimischen Taubenarten dringend erforderlich machen[p] (s. auch S. 48).

Kann ein naturnaher Garten die Fütterung ersetzen?

Im Hinblick auf einige Diskussionen kann diese höchst aufschlussreiche Berechnung zum Nachdenken anregen. An verschiedenen Stellen liest man immer wieder in etwa dies: „Ein naturnaher Garten kann [...] die Fütterung ersetzen."[q] Das schreiben auch durchaus Biologen, von denen man ökologisches Grundwissen erwarten würde. Wie „schlichter Unsinn" (s. obiges Zitat) solche Vorstellungen sind, zeigt folgende einfache Berechnung: Angenommen, es stünden 500 m^2 für einen naturnahen Garten zur Verfügung und man würde ihn – für eine optimale Ausbeute an Vogelfutter – ganz mit Sonnenblumen bepflanzen: Dann ergäbe sich nach den landesüblichen Erträgen (von ca. 25 dt/ha, Statist. Jb. 2007; dt = Dekatonne, entspricht 100 kg) eine Ernte von 125 kg Sonnenblumenkernen. Die landläufigen naturnahen Gärten von ökologischen Muster-Bürgern, die ich kenne, brächten es allerdings auf höchstens 10 kg Sonnenblumenkerne oder etwa 5 kg diverse Wildkräutersamen (was sehr viel ist – man führe einmal in seinem Garten Kontroll-Wägungen durch!). Diese Mengen decken jedoch gerade einmal den Jahresfutterbedarf von etwa drei (!) Grünlingen! Mit den anfallenden Mengen an Insekten, Spinnen, usw. sieht es ähnlich mager aus, und die eventuell in größerem Umfang vorkommenden Früchte und Beeren sind ohnehin nur relativ nährstoffarmes Beifutter (s. S. 14).
Also: Wer Vögeln in seinem noch so naturnahen Garten wirklich helfen will, der muss zufüttern!

Ein naturnaher Garten ersetzt kein Feld aus Futterpflanzen, wie etwa Sonnenblumen, und wird erst durch Zufütterung wirklich vogelfreundlich.

[p] Zimmermann 2007, Ornithol. Mitt. 59: 185
[q] Naturschutz heute 2007, 2: 4

Die Praxis: Anlage von Futterstellen zur Winterfütterung

Obwohl nicht sehr von der Ganzjahresfütterung verschieden, werden hier zunächst die Verhältnisse der Winterfütterung besprochen, die bei vielen Vogelfreunden, zumindest zu Beginn, die Regel sein wird.

Als Erstes ist zu sagen: Vögel lassen sich nahezu überall mit Futter versorgen, auch im Häusermeer der Großstadt und an relativ hohen Häusern. Der ideale Platz für eine Futterstelle ist allerdings der Hausgarten, und er ist optimal, wenn er sich in Ortsrandlage, in Verbindung zu Streuobstwiesen, Gebüschzonen und Wald befindet. Gleichermaßen günstig sind Futterplätze z. B. in Schrebergärten oder, etwa von Vogelschutzverbänden unterhalten, in Parks, Vogelschutzgehölzen oder in der Nähe von Friedhöfen. Natürlich eignen sich durchaus auch Hausterrassen, Balkone, Wintergärten, usw. – diese jedoch um so besser, je näher sie zu Gärten, Wald oder sonstigem Bewuchs gelegen sind. Je mehr natürlicher Lebensraum sich um Futterstellen herum befindet, desto mehr Arten und Individuen werden sie nutzen. Den eigenen Hausgarten kann – oder besser: sollte – man möglichst um die Futterplätze herum zu einer regelrechten Oase für Vögel und andere Tiere gestalten (s. S. 51), in der Futterstellen dann das i-Tüpfelchen sind.

Einige grundsätzliche Dinge sind bei der Anlage von Futterstellen zu beachten. Zu vermeiden ist die Nähe von stärker befahrenen Straßen sowie von größeren, gegen Vogelanflug ungeschützten Fensterscheiben. Sehr günstig ist die Nähe von Bäumen und v. a. Büschen, die idealerweise in Zuleitfunktion von mehreren Seiten auch mehr versteckt lebenden Arten wie Zaunkönig, Grasmücken, Laubsängern u. a. den Zugang zum Futter sehr erleichtern. Dabei ist lediglich Sorge zu tragen, dass Katzen keine gute Deckung in unmittelbarer Nähe von Futterstellen finden und sie, wenn nicht erwünscht, auch nicht allzu leicht von Eichhörnchen erreicht werden können.

Wer genügend Platz zur Verfügung hat, der sollte unbedingt *mehrere* Futterplätze anlegen: Mit einer Reihe von Futterspendern kann man weit mehr Arten und Individuen dienen als mit nur einem einzigen Futterhäuschen. Mehrere Anlagen vermindern zudem die Konkurrenz und den Einfluss von Räubern und vereinfachen Hygienemaßnahmen. Ein Futtersilo und Meisenknödel am Balkon z. B. erleichtern uns die Beobachtung von Wintergästen, Futterstellen im Garten hingegen werden von Vögeln lieber aufgesucht. Sinnvolle Kombinationen von Futterspendern werden auf Seite 31 beschrieben.

Mit welchen Arten und wie vielen Vögeln ist zu rechnen?

Sichere Voraussagen, wie viele Arten und Individuen an eine bestimmte Futterstelle kommen werden, sind von vornherein nicht zu machen. Dazu sind die dafür verantwortlichen Faktoren meist zu wenig bekannt, so etwa, wie viele Vögel in der näheren und weiteren Umgebung leben, wie schnell sie zu einer neuen Futterstelle gelangen können oder wie weit sich in der Nähe schon andere Futterplätze befinden, an die sich Vögel bereits gewöhnt haben. Jedoch sind mehr oder weniger grobe Abschätzungen möglich, und die sind sinn- und wertvoll im Hinblick auf die Bereitstellung der Menge und Art von Futter, die Kosten, die durch die Fütterung entstehen können und den Umfang an besonderen Erlebnissen, die zu erwarten sind. Dabei bleibt

Ein Beispiel für die Vielzahl von Futterglocken – im Bild mit Blaumeise. Sie eignen sich gut beispielsweise für den Balkon oder als Nebenfutterstellen.

die Einrichtung einer Futterstelle zu einem Gutteil ein Abenteuer, das auch nach Jahren noch immer wieder große Überraschungen bringen kann, etwa, wenn im Zuge einer Invasion erstmals Seidenschwänze am Futterhaus auftauchen, ein Schwarzspecht Meisenknödel zerfleddert oder ein Merlinfalke erscheint, um Kleinvögel zu jagen.
Aber betrachten wir zunächst den Normalfall. In der Innenstadt wird man im Winterhalbjahr mit bis zu etwa 15 Arten rechnen können – neben Kohl- und Blaumeise, Haussperling, Grünling und Amsel v. a. mit Kleiber, auch Buntspecht, Türken- und Ringeltaube, ferner Star sowie Rotkehlchen, Hausrotschwanz, Heckenbraunelle und Mönchsgrasmücke, z. T. auch Buch- und bei Invasionen Bergfink. Im Außenbereich kann die Artenzahl deutlich höher bei 20–50 Arten liegen.[56] In Großbritannien beträgt die durchschnittliche Anzahl der im Winter Futterstellen besuchenden Arten in Gärten im Stadtbereich etwa 17–21 Arten, auf dem Lande 20–23, die jährlichen Maxima liegen bei 34–46 Arten. Insgesamt wurden in Großbritannien von 1970–2005 an Futterplätzen jedoch 165 Arten registriert![9, 28] Wir beobachteten an unseren Futterstellen im Jahr etwa 40 Arten und registrierten bisher über die Jahre insgesamt 72 Arten. Kraft[40] stellte an seiner Ganzjahresfütterung 61 Arten fest, darunter auch Grünspecht, Baumpieper, Heidelerche, Neuntöter, Gartengrasmücke, Fitis und Karmingimpel.
Nun zu den Individuen: In der Innenstadt kommen – je nach der Größe der Brutpopulationen im Häuser-, Park- oder Friedhofsbereich – an normalen Tagen oft nur ein paar Dutzend Vögel an Futterstellen und im Jahresverlauf insgesamt nur bis zu etwa 100 Individuen. Im Außenbereich können die Werte um ein Vielfaches höher liegen. So wird nach unseren Beringungsergebnissen unsere Futterstelle bei Schloss Möggingen jährlich von mindestens 1000 Vögeln besucht, darunter ca. 350 Kohlmeisen, je 150 Grünlinge und Blaumeisen, 90 Feldsperlinge, je etwa 50 Sumpfmeisen und Goldammern, aber auch etwa fünf Haubenmeisen. An unseren Futterplätzen in Billafingen und Alberweiler stellen sich jährlich jeweils weit über 2000 Individuen ein, dabei an einzelnen Tagen mit geschlossener Schneedecke über 500–1000, darunter rund 150 Goldammern, je 100 Stare, Zeisige, Buch- und Bergfinken, 80 Kohlmeisen, 50 Haussperlinge, 40 Feldsperlinge, je 30 Amseln und Blaumeisen, aber auch 2–3 Sperber, bis zu 25 Mäusebussarde und 2 Kolkraben (an ausgelegten Rinderherzen), ferner bis zu 5 Eichelhäher, weitere Meisenarten wie die Weidenmeise, Kleiber, Baumläufer, Spechte, weitere Finkenvögel einschließlich Kernbeißer, Gimpel und Stieglitz u. a. Diese hohen Zahlen erklären sich damit, dass im Außenbereich mit relativ geringer Futterplatzdichte einzelne Futterstellen einen großen Einzugsbereich haben. Er kann, wie Beringungs- und Telemetriestudien zeigen, im Normalfall mehrere Kilometer betragen[5, 35, 76] und sich nach unseren Erfahrungen, z. B. bei Schneeflucht, auf über 5 km ausdehnen. Dann können sich Futtergäste aus einem Umfeld von über 25 km² einstellen. Zudem können Vögel aus noch größeren Entfernungen kommen, die sich einen Futterplatz von früheren Besuchen her „gemerkt" haben (s. S. 39).[8]

Die ideale Futterstelle: großes Futterhaus, gut überdacht, mit Futterbrett sowie Futtersilo, Fettknödeln und -ringen, Erdnuss-Spender und anderem.

Kommen derartig viele Vögel an Futterstellen, dann müssen an manchen Tagen mehrere Kilogramm und im Jahresverlauf viele Zentner Futter bereitgestellt werden, wenn sie alle gut versorgt werden sollen. Das sollte man sich klar machen, bevor man größere und v. a. ganzjährig betriebene Futterstellen anlegt, für die es dann auch guter Vorausplanung bedarf (dazu mehr ab S. 36).

Die Futterspender

Der bekannteste und am weitesten verbreitete Futterspender für Wildvögel ist das Futterhaus „im Landhausstil" – ein Futterbrett, das auf Säulen ein an den Seiten überstehendes Spitz- oder Flachdach trägt.[2] Es leitet sich vom früheren so genannten „Hessischen Futterhaus" und dessen Vorläufern ab und ist in so vielen Formen variiert worden über Futterkästen, -lauben oder -krippen bis hin zu mehrstöckigen, an Schlösser oder Taubenhäuser erinnernde Bauten, über die ganze Bücher, z. T. mit Bauanleitungen[1, 57], geschrieben worden sind.

Checkliste Futterhaus

Wie immer man sein Futterhaus gestalten möchte – es sollten einige Grundvoraussetzungen berücksichtigt werden:

- Bei regem Besuch von Futtergästen sollte es nicht zu klein sein und eine Grundfläche von etwa einem Viertel Quadratmeter aufweisen, damit sich Vögel nicht ständig ins Gehege geraten.
- Es muss ein ausreichend weit überstehendes Dach besitzen, um das Futterbrett bei Regen und Schnee trocken zu halten.
- Außerdem sollte das Dach vom Bodenbrett genügend – im zentralen Bereich etwa 30 cm – Abstand haben, damit sich auch Futterhäuser mehr zögerlich nutzende Arten wie Kernbeißer, Stieglitz, Buchfink u. a. hineintrauen.
- Frei in Gärten aufgestellte Futterhäuser bringt man am besten ca. 1,5 m über dem Boden an, so dass Katzen nicht hinaufspringen und sich im Haus auf die Lauer legen können. Dabei sollte das Haus auf einem sehr glatten Kunststoff- oder Metallrohr stehen, damit Mäuse nicht hinaufklettern können.
- Um Verschmutzungen gering zu halten, kann man bei größeren Häusern das Futterbrett durch Trennwände unterteilen.

Da eine ganze Reihe von Arten nur schwerlich bis gar nicht Futterhäuser anfliegen oder in sie hineinschlüpfen und die Häuser relativ oft gesäubert werden sollten (s. S. 40), hat man schon seit langem versucht, Vögeln Futter auch anders anzubieten. Dafür verwendete man früher Futterglocken, -tröge, -eier, -flaschen, -pilze, -dosen, -galgen, -hölzer, -steine oder ganze Futterbäume[4, 58], z. B. ausgediente Weihnachtsbäume, die mit Fettfutter bestrichen wurden. Aus derartigen Futterspendern und einer geradezu gigantischen Futtersäule „Antispatz", die 2,8 m hoch war und ca. 500 kg wog (!)[4], entwickelten sich die modernen Futtersilos in Kasten-, Haus- oder überwiegend Säulenform. Diese Futterautomaten mit nach unten nachrutschendem Futter beugen der Vergeudung von Futter vor, sind weitgehend sicher vor Eichhörnchen und Großvögeln wie Krähen und Elstern und halten das Futter frei von Verkotung. Futtersäulen sollten unbedingt seitlich herausstehende geeignete Sitzgelegenheiten haben, damit sie auch von weniger klettergewandten Arten wie Hänfling, Stieglitz, Kernbeißer, usw. gut genutzt werden können.

Stieglitze lassen sich nicht nur in England, sondern auch bei uns in großer Zahl an Futtersilos gewöhnen, wenn sie das richtige Futter enthalten.

Die dritte Möglichkeit, Futter zu bieten, besteht in geformtem Fett, das meist Sämereien, z. T. auch getrocknete Insekten, Beeren, Kleie, usw. einschließt. Von früher her hat sich der Meisenring gehalten, heute sind v. a. Meisenknödel populär, z. T. auch Nuss-Stangen oder Futterblöcke, die in Futterhäuschen gelegt werden können. Für das Anbieten

Der altbewährte Meisenring – hier mit Blaumeise – aus den Anfängen der Vogelfütterung ist nach wie vor beliebt.

Der heute bekannteste und beliebteste Fettfutterspender ist der Meisenknödel, vom Kleiber auch kopfüber hängend bearbeitet.

Vor Meisenknödel-Räubern wie Krähenvögeln schützt die Stahlspirale, in die man die Knödel ohne das Plastiksäckchen legt.

Eine bestens bewährte Fettglocke: ein Blumentopf, gefüllt mit Fettfutter und einem Ast zum Anflug für Spechte und andere.

Wenn sich an Futterstellen Stare, Goldammern und Finken einstellen, hilft die Bodenfütterung weiter, dauerhaft auch unter einem Dach.

von Meisenknödeln sind vielerorts so genannte Futterfedern aus Federstahl sehr zu empfehlen. In ihnen kann man bis zu drei Knödel aufhängen, ohne dass sie von Krähen, Eichhörnchen und anderen zerstört oder weggetragen werden können.
Die optimale Fütterung umfasst eine *Kombination von Futterhaus*, säulenförmigen *Futtersilos* einschließlich *Erdnuss-Spender* mit Außengitter sowie *Fettknödeln* oder anderweitig geformtem Fettfutter wie Energiekuchen (s. S. 34) oder Fettglocken. Vor allem im Außenbereich wie Garten oder Park gehört dazu unbedingt auch eine *Bodenfütterung* (z. B. „Schütte"), da viele Arten wie v. a. Goldammer, Lerchen, viele Buchfinken und natürlich Reb-, Teichhuhn und andere nur dort ihr Futter aufnehmen. Wenn das Futter dabei gelegentlich feucht wird, macht das nichts, solange es nicht schimmelt – viele Arten bevorzugen etwas aufgeweichte oder gar ankeimende Sämereien. Wer ausreichend Platz hat, sollte die genannten Futterspender über einen größeren Bereich verteilen, so dass mehrere Futterstellen entstehen. Das erleichtert Vögeln die Nahrungsaufnahme und uns das Sauberhalten kleinerer Plätze.

Tipp Sandbad

Sehr beliebt, v. a. bei Haussperlingen, sind auch Plätze zum Sandbaden. Sie lassen sich gut an ständig trockenen Stellen mit Sand oder Feinerde einrichten, z. B. an überdachten Stellen vor Hauswänden, unter Balkonen, usw. Sie nützen den Vögeln v. a. bei der Gefiederpflege.

Die Tränke

An ungezählten Stellen liest man, Vögel dürften im Winter weder Trink- noch Badewasser erhalten, da sonst ihr Gefieder vereise. *Das ist absolut falsch.* Fast alle bei uns überwinternden Arten müssen täglich trinken, und wenn sie bei Kahlfrost keinen Schnee zur Verfügung haben, kostet es sie oft weite Flüge, bis sie offene Gräben oder dergleichen finden. Dort kann man sie dann selbst bei Frost auch baden sehen, *ohne* dass ihr Gefieder vereist – es ist nämlich in hohem Maße wasserabweisend. Um unseren Futtergästen das Leben zu erleichtern, gehört eigentlich in die Nähe *jeder* Fütterung auch eine Tränke – winters wie sommers. Im Winter kann man sie bei schneefreiem Wetter sogar mit einem Tränkenwärmer offen halten.[56] Ideale Tränken sind flache, allmählich tiefer werdende muldenförmige Schalen mit maximal ca. 5 cm Wassertiefe und rauer Oberfläche, eventuell mit flachen Steinen als Inseln (s. unten und auf S. 71).[2]

Eine Kokosnuss – der geeignete Spender für Fettfutter, das man aus Rindertalg herstellen kann; Bild mit Sumpfmeise.

Wirkliche Vogelfreunde halten neben guten Futterstellen auch ganzjährig eine Tränke bereit, die – solange kein Schnee liegt – täglich gebraucht wird.

Viele Vögel baden nahezu täglich, auch bei Regen und im Winter – nicht zur Erfrischung, sondern zur Gefiederpflege. Baden sollte daher im Umfeld jeder Futterstelle stets möglich sein.

Die geeigneten Futtermittel

Wer Vogelfutterstellen anlegen will, der sollte sich von vornherein darauf einstellen, dass die meisten unserer Kleinvögel keine Abfallverwerter sind, sondern unbedingt hochwertiges Futter benötigen.

Manche Vögel könnten zwar auch mit in den Garten gestellten Essensresten von uns durchkommen, so wie die Fütterung vor Jahrhunderten einmal begonnen haben mag – aber für viele bleibt selbst gutes dargereichtes Qualitätsfutter noch relativ einfache Grundnahrung im Vergleich zu dem, was ihnen die Natur in ihrer Reichhaltigkeit früher einmal geboten hat. Wenn wir also Vögeln mit Zufütterung wirklich helfen wollen, dann sollten wir im Hinblick auf die Futtermittel nach dem Grundsatz verfahren *„das Beste ist gerade gut genug"*. Um das zu erreichen, muss man sich in zweierlei Hinsicht kundig machen: in Bezug sowohl auf die Bedürfnisse der Vögel als auch auf die recht unterschiedlichen Angebote der vielen Futtermittelhersteller. Was Letztere anbelangt, helfen für den „richtigen Griff" gelegentlich Testergebnisse weiter.[59]

Eine quer geschnittene Kokosnuss ergibt eine ähnlich gute Fettglocke wie ein Blumentopf, die man für Meisen und andere überall aufhängen kann.

Minimales Futterangebot

Auch wenn an unserer Futterstelle nur fünf Vogelarten auftauchen, nämlich z. B. Grünling, Kohlmeise, Amsel, Blaumeise und Rotkehlchen, dann stellen sie dennoch schon fast die gesamte Palette an *Ernährungsformen* dar, auf die wir uns im Winter einstellen müssen. Grünlinge sind im Winterhalbjahr fast reine *Körnerfresser*. Sie bevorzugen neben Sonnenblumenkernen auch kleinere Sämereien, v. a. Hanf, die man ihnen am besten in einem Futterhaus oder -silo bietet. Sie gehen zwar auch gern an Meisenknödel, die sie aber bei Mangel an losen Sämereien oft nur zerpflücken, um an Körner zu gelangen. Die anderen vier Vogelarten, im Sommer weitgehend *Weich(futter)fresser*, sind im Winter *Allesfresser* und Gemischtköstler, allerdings mit sehr unterschiedlichen Anteilen an pflanzlicher und tierischer Nahrung. Wir offerieren ihnen bei einfacher Zufütterung v. a. Erstere – Letztere müssen sie sich weitgehend selbst suchen.

Kohlmeisen leben im Winter zu einem hohen Anteil von Körnern, die sie zusammen mit Fett, das ihnen einen Teil der tierischen Nahrung bietet, v. a. in Meisenknödeln finden. Sie nehmen aber gern auch lose Sämereien, besonders Sonnenblumenkerne, aus Futterhäusern oder -silos. Für den Erwerb ihrer tierischen Nahrung in Form von Insektenlarven, Spinnen, kleinen Schnecken u. a. sind sie täglich meist stundenlang unterwegs, v. a. in Bäumen, aber auch auf dem Boden. Blaumeisen verhalten sich ähnlich wie Kohlmeisen, bevorzugen aber in der Regel weit mehr tierische Nahrung. Ist ihnen Schilfröhricht zugänglich, suchen sie dort als regelrechte „Schilfmeisen" tagtäglich für lange Zeit Schilfhalme ab, die sie meistens an den „richtigen" Stellen aufhacken, um darin überwinternder Insektenlarven habhaft zu werden.[60]

Amseln zeigen sich bei schneefreiem und frostarmem Wetter wenig an Futterstellen, dafür sieht man sie dann etwa an Wald- und Gebüschrändern im Laub wühlen, um an allerlei Kleingetier zu gelangen. Außerdem verzehren sie, wenn vorhanden, Beeren und restliches Obst. Versiegen diese Quellen, kommen sie in großer Zahl an Futterstellen. Obwohl dort Allesfresser, die sogar Sonnenblumen- und Maiskörner ganz verschlucken und sich an Meisenknödeln gütlich tun können, bevorzugen sie weicheres Futter: v. a.

mit Fett angereicherte Haferflocken und – als *Zusatzfutter* – Äpfel (Apfelstücke, z. B. Viertel, die besser zu bepicken sind als die weniger fest liegenden Apfelhälften). Rotkehlchen schließlich suchen noch weit mehr als Amseln tierische Nahrung selbst und sind an Futterstellen auf kleine Sämereien wie Hirse, Mohn, usw., Getreideflocken und kleine Fettpartikel angewiesen, die sie v. a. vom Boden aufnehmen, wenn sie von anderen Arten losgehackt und fallen gelassen wurden. Ihnen kann man natürlich, wie vielen anderen Arten, durch gezielte Zufütterung z. B. von Mehlwürmern, getrockneten Insekten, Trockenfleischstückchen (Fleischkrisseln), usw. sehr viel weiterhelfen (s. S. 34 f.).

Gezielte und optimale Fütterung

Das oben beschriebene minimale Angebot an Futtermitteln für eine solide ausgestattete Futterstelle lässt sich vergleichen mit der „gutbürgerlichen Küche" vieler Restaurants, die vielen Gästen ohne besondere Vorlieben gerecht wird. Im Folgenden wird, um beim Vergleich zu bleiben, ein Angebot wie in einem Spezialitäten-Restaurant beschrieben, das aufgrund seiner reichhaltigen Darbietung weitere Interessenten ansprechen und deren Wünsche erfüllen kann. Da man über diesen Bereich der Vogelfütterung leicht ein eigenes Buch verfassen könnte, ist hier nur eine grobe Skizzierung möglich.

Wer viele Vogelarten gezielt und möglichst optimal füttern möchte, sollte sich Zeit für Beobachtungen nehmen und zumindest für eine Reihe von Futtermitteln nicht unerhebliche Ausgaben einkalkulieren.

Checkliste **Minimales Futterangebot**

- **Winter-Streufutter** mit hohem Anteil an Sonnenblumenkernen, Hanf und wenig Getreide (das nur einige Arten bevorzugen), dafür mit mehr Erdnüssen als besonders hochwertigem Futtermittel (s. oben)
- **Winter-Fettfutter** mit vielen Haferflocken und auf der Grundlage von geeignetem Fett, das Frostsicherheit und höchsten Nährwert gewährleistet
- **Meisenknödel** oder entsprechend geformtes Fett, auch leicht selbst herstellbar aus Rindertalg (s. S. 37) sowie
- bei Bedarf **Apfelstücke** für Amseln, aber auch Wacholderdrossel, Teichhuhn u. a. Arten

Zufütterung lässt sich in zweierlei Hinsicht optimieren: In Bezug auf höchste Qualität der Futtermittel, die etwa auf Produkten aus „biologischem", also ökologisch-umweltverträglichem Anbau aufbaut, und im Hinblick auf größtmögliche Vielfalt an attraktiven Futtermitteln. Wer beste Qualität anstrebt, der muss sich über Kataloge der einschlägigen Futtermittelhersteller (s. S. 92) und deren Angebot z. B. an „Premium"- oder „Vollwert"-Futter kundig machen oder Futtermittel über Reformhäuser, Verkaufsstellen für „Bio-Produkte" usw. beziehen oder eventuell selbst anbauen (s. S. 51 f.).

Eine optimale Vielfalt an Futtermitteln, die möglichst allen in Frage kommenden Arten gerecht wird, erreicht man am besten auf folgende Weise. Man erweitert zunächst das übliche Standardfutter durch Beigabe einzelner Komponenten oder spezieller Futtermischungen, die sich an größere Vogelgruppen richten. Da Erdnüsse, und zwar solche in ausgezeichneter Qualität und aus zweifelsfreier Herkunft, ein für viele Arten höchst attraktives Futter darstellen – noch dazu das ganze Jahr über –, kann man mit gut platzierten Erdnuss-Spendern viele Arten dauerhaft anlocken und versorgen. Erdnüsse spielen deshalb bei der Zufütterung in Großbritannien eine große Rolle. Dabei ist es besser, die Nüsse oder auch Erdnuss-Bruch im Spender anzubieten als in Futterhäusern, da sie aus offenen Futterstellen leicht von Krähen, Elstern, Eichelhähern oder Eichhörnchen in großen Mengen entnommen werden, ohne dass kleinere Arten davon profitieren können. Eine besonders attraktive, wenn auch kostspielige Darreichungsform sind so genannte Erdnuss-Kuchen (Energie-Kuchen auf der Basis von Erdnussmehl und Fetten), die wir in der Vogelwarte Radolfzell in der Entwicklungsphase u. a. an Grasmücken getestet haben und die viele Arten geradezu magisch anziehen. Ähnlich günstig wie Erdnüsse sind auch Hasel- oder Walnüsse, die jedoch meist im Hinblick auf Kosten und verfügbare Menge ausscheiden – aber sie eignen sich sehr gut für den Eigenanbau (s. S. 51 f.).

Das wichtigste Futtermittel neben Fett und eventuell Erdnüssen sind Sonnenblumenkerne. Neben den üblichen gestreiften werden die schwarzen von vielen Arten bevorzugt, weil sie weniger harte Schalen und einen höheren Ölgehalt haben. Kerne ohne Schalen („Herzen") liefern eine besonders energiereiche, leicht zugängliche Nahrung, v. a. in geschroteter Form, und verhindern die Verunreinigung des Futterstellenbereichs mit Schalenabfällen. Sie sind jedoch relativ teuer, und ihre Inhaltsstoffe denaturieren schneller ohne den Schutz der Schale.

Ein Erdnuss-Spender (Gitterwand-Silo) sollte an keiner Futterstelle fehlen. Er bietet den meisten Arten – hier Zeisigen – ganzjährig hochwertige Nahrung.

Viele Arten wie Stieglitz, Hänfling, Birkenzeisig, Lerchen und andere bevorzugen v. a. bestimmte *kleine* Sämereien, wie z. B. Distel- oder Salatsamen, Mohn u. v. a. Um für sie bei deren zufälligen ersten Besuchen ein attraktives Angebot parat zu haben, kann man dem auf Seite 33 beschriebenen Streufutter Anteile von Kanarien-, Waldvogel- oder Großsittich-Futtermischungen beigeben, die auch von vielen anderen Arten gern verzehrt werden und zudem z. B. auch wertvoll für die Jungvogelaufzucht sind.

Für Vogelfütterer ist es natürlich immer besonders erfreulich, wenn neben Rotkehlchen und Heckenbraunelle auch viele andere Weichfresser an die Futterstelle kommen, wie z. B. Zaunkönig, Schwanzmeise, Baumläufer oder sogar Wintergoldhähnchen und zum Frühjahr hin Mönchsgrasmücke, Zilpzalp, Haus- und Gartenrotschwanz, Wiesenpieper und andere. Da in strengen Wintern kleine Arten wie Zaunkönig und Wintergoldhähnchen auch großräumig nahezu vollständig wegsterben können, sind für sie geeignete Futterstellen und besonderes Futter oft eine große Hilfe. Dafür gibt es eine Reihe attraktiver Futtermittel, v. a. spezielles Weichfutter mit getrockneten Insekten, Kleinkrebsen, Sojaflocken, usw., von einzelnen Firmen auch Drossel-, Zaunkönig- und anderes Spezialfutter oder so genannte Vollwert-Energiekuchen, die in einer Mischung aus tierischen und pflanzlichen Fetten Erdnussmehl und getrocknete Insekten einschließen oder in Futterblöcken auch Waldfrüchte.
Da derartige Spezial-Futtermittel natürlich kostspielig sind und auch von „gewöhnlichen" Arten wie etwa Meisen gern und dann oft in großen Mengen gefressen werden, lohnt es sich, zunächst zu beobachten, welche Nahrungsspezialisten an Futterstellen kommen, um sie dann gezielt an speziellen Plätzen zu füttern. Tauchen z. B. Goldammern auf, kann man durch Ausbringen von Futterhafer (ganz oder gequetscht) am Erdboden im Laufe der Zeit u. U. Hunderte von Individuen an einer einzigen Futterstelle versorgen (s. S. 28). Stieglitze sind nach Erfahrungen in Großbritannien ganz erpicht auf Ramtil(l)-Samen (Nigersaat, Gingellikraut, ein Korbblütler mit hohem Ölgehalt – nicht zu verwechseln mit Negersaat, einer Hirse). Eine wichtige Rolle könnte künftig auch der nährstoffreiche Chia-Samen spielen (eine in Südamerika häufig angebaute Salbeiart). Erscheinen Zaunkönige, lassen sie sich leicht an einem versteckten, aber von ihnen beim Anrücken regelmäßig besuchten Platz an einem Reisighaufen, einem Holzstoß oder dergleichen etwa mit Mehlwürmern, anderen Insekten von Speziallieferanten, Bienenlarven (s. S. 37) oder auch mit kleinen Fleischstückchen (Fleischkrisseln) oder Fleischmehl gezielt füttern, ohne dass das ihnen zugedachte Futter ständig von anderen Arten weggefressen wird. Ähnlich kann man Rotkehlchen versorgen. Schwanz- und Haubenmeisen, Goldhähnchen, Grasmücken und andere hingegen fliegen regelmäßig etwas versteckt in Zweige hängende Energie-Kuchen, Fettglocken, usw. an.
Für Fleisch- und Aasfresser wie Mäuse- und Raufußbussard, Rot- und Schwarzmilan, Kolkrabe u. a. kann man, wenn die

Vögel in längeren harten Winterperioden in Not geraten, Fleisch auslegen, am besten in Körben auf Pfählen, damit es nicht von Fuchs oder Marder weggeschleppt wird. Nach den heutzutage zu beachtenden Bestimmungen eignen sich dafür sehr gut frische Rinderherzen, die man preiswert direkt im Schlachthof oder natürlich über Fleischereien beziehen kann. Eine derartige Fleischauslage von Rinderherzen ist nach Art. 23 der Verordnung (EG) 1774/2002 als Ausnahme zulässig, wenn sie (gemäß Abs. 2) unter Aufsicht der zuständigen Behörde erfolgt. Das bedeutet für die Praxis: vorherige Abstimmung mit dem Landratsamt.
Lebende Mäuse in Wannen anzubieten, wie das auch heute noch gelegentlich vorgeschlagen wird[12], ist nach den gültigen Tierschutzbestimmungen problematisch.
Viele Arten wie v. a. Drosseln, aber auch Häher, Rallen und andere verzehren gern auch Obst. Für sie eignen sich sehr gut ausgelegte Apfelstücke, auch Rosinen, aber weit weniger getrocknete Ebereschen und andere Wildbeeren, die man unbedingt am Wuchsort hängen lassen sollte (s. S. 36).
Weiteres über gezielte Fütterung finden Sie bei der Beschreibung einzelner Vogelarten (ab S. 60).

Ungeeignete Futtermittel

Viele Dinge, die wir essen, sind für Vögel nicht nur wegen Nährstoffmangel, sondern v. a. wegen vieler Zusatzstoffe

In strengen Wintern verhungern viele Greifvögel. Ihnen kann man an speziellen Futterplätzen mit Rinderherz u. a. in Notlagen gut helfen.

Tipp **Kalk anbieten**

In Gebieten, in denen inzwischen der saure Regen zu Kalkarmut geführt hat und die Eischalenbildung unserer Vögel beeinträchtigt sein kann, empfiehlt es sich, im Bereich von Futterstellen auch Grit (Naturkalkstoffe, z. B. aus Muschelkalk, Austernschalen, usw.) zur Verfügung zu stellen, den man in Zoofachgeschäften oder auch bei Futtermittelherstellern erhält.

wie Salz, Gewürzen, künstlichen Aroma- und Farbstoffen, Stabilisatoren, Konservierungsstoffen und anderem bedenklich oder gefährlich. Das ist besonders deshalb zu berücksichtigen, weil derartige Stoffe Vögel bei ihrem geringen Körpergewicht von oft nur an die 20 g und der hohen Nahrungsaufnahmerate weit stärker belasten können als uns. Auch wenn Zusatzstoffe unserer Nahrung Vögel nur in den seltensten Fällen umbringen werden, so sind doch zeitweilige Stoffwechselstörungen möglich, die unter allen Umständen vermieden werden müssen.
Wenn man hingegen gelegentlich liest, gefrorenes Futter, wie z. B. vereiste Apfelstücke, schade Vögeln, weil es „gefährliche Entzündungen des Verdauungstrakts“ hervorrufe, dann ist das Unsinn. Gänse z. B. weiden ganz regelmäßig gefrorenes Gras, und viele Drosseln, Rotkehlchen und andere verzehren auch bei strengem Frost so hart gefrorene Beeren, dass man ihnen selbst tiefgefrorene Heidelbeeren usw. gefahrlos anbieten kann.

Checkliste **Tabu-Liste**

Aus obigen Überlegungen ergibt sich eine Tabu-Liste von ungeeigneten menschlichen Nahrungsmitteln und -resten, die v. a. umfasst:

- allgemeine Tischabfälle und Speisereste
- Brot- und Kuchenstücke oder -krümel
- Braten-, Wurst- und Käsereste
- Margarine, Back- und Bratfette
- Pommes frites
- gekochte Kartoffeln und Quark, da beide leicht säuern und schimmeln können
- Butter (selbst wenn Kohlmeisen Milchflaschen aufhacken und Rahm naschen oder gelegentlich sogar Fensterkitt aufpicken), da Butter zu schnell zerläuft und die Reste ranzig werden.

Vorausplanung und Vorratshaltung

Bis auch in Deutschland, wie in Großbritannien, nach den vielen Unkenrufen falscher Propheten eine rechtzeitig, nämlich im September einsetzende Winterfütterung und erst recht die ideale Ganzjahresfütterung hoffähig sein werden, muss wohl noch einige Zeit verstreichen. Bis dahin wird es relativ schwierig bleiben, im Fachhandel schon frühzeitig und hinreichend lange die notwendigen Futtermittel zu erhalten.

Das Nuss-Säckchen ist bei Zeisigen u. a. Arten sehr beliebt, aber es wird oft von Krähenvögeln oder Eichhörnchen geplündert.

Um dennoch schon im September und ebenso noch im April, Mai oder später das nötige Futter bereit zu haben, empfiehlt sich der Direktbezug von zuverlässigen Futtermittelherstellern oder eine ausreichende Vorratshaltung. Dazu gilt als Richtwert, dass ein etwa sperlingsgroßer Körnerfresser nach detaillierten Untersuchungen in Großbritannien[61, 62] pro Tag ca. 8 g Sämereien verzehrt. Wird eine größere Futterstelle täglich von etwa 100 Samen fressenden Vögeln besucht, sollte man pro Tag also bis zu 1 kg Körnerfutter veranschlagen, für einen Monat bis zu 30 kg und für ein Vierteljahr bis zu 2 Zentnern. Seriöse Futtermittellieferanten empfehlen zwar, gekauftes Futter möglichst innerhalb von etwa drei Monaten zu verbrauchen, räumen aber bei sorgsamer Lagerung (trocken, kühl und gut verschlossen) auch längere Fristen ein.[62] Für die ausgedehnte Fütterung ist unbedingt auch Fettfutter erforderlich. Für eine Futterstelle in o. g. Größe muss man mit einem Verbrauch von bis zu drei Meisenknödeln pro Tag rechnen, also mit rund 100 im Monat und an die 300 im Vierteljahr. Auch sie lassen sich z. T. gut lagern, u. U. tiefgekühlt, aber sie können bei Engpässen auch leicht durch selbst hergestelltes Fettfutter aus Rindertalg ersetzt werden (s. S. 37).

Ersatzfutter bei Lieferschwierigkeiten

Immer wieder kommt es vor, dass Vogelfutter in Einkaufszentren nicht früh oder lange genug oder im Winter auch zwischendurch nicht zur Verfügung steht, wenn es etwa nach einer langen milden Periode plötzlich kalt wird. Die Gründe dafür liegen auf der Hand: Die EKZ wollen natürlich keinesfalls auf Bergen von Vogelfutter sitzen bleiben und kaufen deshalb in Jahren mit schönem Herbst, mildem Winter und zeitigem Frühjahr nur zögerlich ein. Kommt dann ein plötzlicher Kälteeinbruch, gibt es Engpässe, durch die dann Vögel in Not und Fütterer in helle Aufregung geraten können – Letztere allerdings unnötigerweise.
Geht das Vogelfutter tatsächlich aus, kann man sich relativ leicht Ersatzfutter selbst zusammenstellen. Preiswerter Standardfutter-Ersatz ist Mischfutter für Haustauben, das man in Verkaufsstellen landwirtschaftlicher Genossenschaften erhält. Es wird am besten mit Futterhaferflocken und Futterhafer angereichert, die man ebenfalls dort bekommt. Diese Mischung lässt sich weiter bereichern und verfeinern mit Waldvogel-, Kanarien- oder Sittichfutter aus dem Zoofachgeschäft oder auch mit Weichfutter für Insektenfresser. Und ein hervorragendes Ersatzfutter sind natürlich für viele Arten Erdnüsse. Sollten auch die überaus beliebten Meisenknödel ausgehen, dann kann man sich leicht selbst Ersatz herstellen mit Hilfe von Rindertalg (s. S. 37)

Was kann man selbst sammeln?

Früher wurde allgemein empfohlen, für die Winterfütterung selbst rechtzeitig alle möglichen Sämereien, z. B. von Knöterich, Wegwarte, Hainbuche, Ahorn und vielen anderen Pflanzen, zu sammeln und ebenso Wildbeeren und -früchte, etwa von Eberesche, Pfaffenhütchen, Schlehe, usw., und sie zu trocknen. Das war vor Jahrzehnten sicher ratsam, als damals einerseits Samen und Früchte in der Natur in Hülle und Fülle vorkamen und andererseits käufliches Vogelfutter noch wenig gebräuchlich war. Heute sollten wir die wenigen, in unseren ausgeräumten Landschaften

übrig gebliebenen natürlichen Nahrungsquellen für Vögel *keinesfalls plündern*, zumal etwa getrocknete Ebereschen, Schlehen, usw. von Vögeln gar nicht gern gefressen werden und ihnen damit oft vollständig verloren gehen. Was man bedenkenlos sammeln kann, sind z. B. Samen von Brennnesseln, Löwenzahn und Ackerdisteln, bevor sie mit ihren Flugapparaten verweht oder aber gemäht werden. Zu Sträußen gebundene Ackerdisteln mit reifen Samen in der Nähe von Futterstellen angebracht, sind ein hervorragendes Anlockmittel für Stieglitze. Ähnliches gilt für die knallroten Beeren des Schneeballs, die zwar wenig gefressen werden, aber Gimpel anlocken, die dann deren Kerne aufbeißen und so an Futterstellen gelangen.
Früher war das Sammeln von Dreschabfällen und Heublumen sehr hilfreich, das gilt heute nicht mehr. Beide enthalten kaum noch kleine Sämereien, da im Getreide fast keine Wildkräuter mehr vorkommen und Heu gewonnen wird, bevor die Samen von Gräsern, Kräutern und Stauden reifen. Wer einen Gemüsegarten bestellt, sollte jedoch alle übrig bleibenden Samen von Radieschen, Möhren, Salat usw. für die Fütterung verwenden, natürlich nur, soweit sie nicht mit Chemikalien behandelt oder im Erbgut verändert wurden.

Futter selbst herstellen

Fettfutter aus Rindertalg: Das ist ein hervorragendes Futtermittel, das man leicht selbst herstellen kann. Neben Rindertalg ist auch Fett von Schaf und Wild geeignet, weit weniger das vom Schwein, da es zu leicht weich wird. Bisweilen wird auch Kokosfett beigemischt. Rezepte dafür gibt es in mehr als zehn Variationen, mindestens seit 1899 vom Bund für Vogelschutz in Stuttgart[63] und bis in die jüngste Zeit.[12, 59, 64] Hier eine zusammenfassende Beschreibung: Rindertalg besorgt man sich beim Fleischer oder im Schlachthof, lässt es in einem Topf flüssig werden, aber nicht sieden. In das flüssige Fett rührt man im einfachsten Fall die gleiche Gewichtsmenge Weizenkleie[8, 65] („Ludwigsburger Fettfutter“[31]) oder gibt noch kleinere Mengen Sonnenblumenkerne und Hanf dazu.[12] Den Anteil an Sämereien kann man auch erhöhen, weiterhin durch reichhaltige Körnermischungen, Haferflocken, gehackte Nüsse, usw. bereichern oder das Futter durch Beigabe von Beeren, Rosinen, getrockneten Insekten u. a. für Weichfresser ausrichten.[59] Die Zugabe von etwas Speiseöl verhindert, dass das Fettfutter bei Frost zu hart wird.[13] Das fertige Gemisch kann in verschiedene Gefäße wie Dosen, aber auch Kokosnüsse oder

Fürs Anlocken von Stieglitzen eignen sich getrocknete Fruchtstände von Kletten und Disteln, wodurch sie Silos kennenlernen.

Blumentöpfe usw. gefüllt werden, und ein mit eingesteckter Holzstab erleichtert Vögeln den Zugang zum Futter in allen möglichen „Fettglocken“. Es lässt sich zudem in trockene Fichten- oder Kieferzapfen streichen, die man in Zweige hängen kann, oder auch in die Rinde von Bäumen, wodurch Spechte, Baumläufer, Schwanzmeisen und andere Arten besonders leicht Zugang finden.

Fettflocken: Eine weitere Möglichkeit, Fettfutter selbst herzustellen, besteht darin, dass man Haferflocken in hochwertigem Speiseöl (Oliven-, Sonnenblumenöl) tränkt und auf diese Weise wertvolle Fettflocken bekommt.[2]

Bienenlarven: Dieses hochwertige Futtermittel kann man leicht selbst besorgen und aufbereiten. Imker entfernen aus ihren Bienenvölkern regelmäßig Wabenteile mit überschüssiger Drohnen-(Männchen-)Brut, die man bei Bienenhaltern abholen kann. Die in den Waben enthaltenen Drohnenlarven sind seit langem ein höchst bewährtes Mittel zur Handaufzucht von Vögeln[66] und werden auch an Futterstellen von vielen Arten begierig aufgenommen. Man friert am besten ganze Wabenstücke ein und legt sie bei Bedarf an Futterstellen aus. Sind die Zellen bereits verdeckelt, müssen die Verdeckelungen zuvor mit einem Messer oder einer Entdeckelungsgabel entfernt werden. Die Vögel holen sich dann die Larven aus den Zellen. Man kann die tiefgefrorenen Waben aber auch zerbröseln und die Larven von Hand auslesen und direkt verfüttern. Mit Drohnenlarven kann man z. B. manchem Frühankömmling wie Singdrossel oder Star, aber auch Rotschwänzen, Stelzen, Piepern und selbst Kiebitzen u. a. Arten bei Nachwintereinbrüchen das Leben retten. Im Frühjahr und Sommer sind sie auch als hochwertiges Zusatzfutter für die Aufzucht von Jungvögeln begehrt.

Wann und wie lange füttern?

In vielen Ratgebern liest man, die Winterfütterung sollte erst beginnen, wenn es richtig Winter geworden ist – konkret erst bei Abfall der Temperatur auf –5 °C, mit anschließendem Dauerfrost und möglichst noch geschlossener Schneedecke. Das ist mit die unsinnigste Empfehlung, die man sich im Hinblick auf die Zufütterung denken kann. Sie macht etwa so viel Sinn, als hätte man der Bevölkerung in der Nachkriegszeit empfohlen, sich nach neuen Lebensmitteln erst dann umzusehen, wenn die alten aufgebraucht sind. Damit wären bei der damaligen Lebensmittelknappheit viele auf der Strecke geblieben – und genau die Gefahr droht Vögeln mit obiger Empfehlung bei dem allgemeinen Mangel an Nahrung in unseren ausgeräumten Landschaften.

Um das zu verstehen, muss man sich nur Folgendes klar machen: Ein meisengroßer Vogel z. B. mit rund 20 g Körpergewicht verliert in *einer* Winternacht etwa 2 g, also 10 % seiner Körpermasse, die er „verbrennt", um seinen Stoffwechsel und die hohe Körpertemperatur (von mehr als 40 °C) trotz guter Isolation durch sein Federkleid aufrecht zu erhalten. Noch kleinere Arten schaffen das überhaupt nur, wenn sie bei Temperaturen unter etwa –7 °C in Gruppen schlafen können, in denen sie sich gegenseitig wärmen. Am darauffolgenden Tag muss der Gewichtsverlust unbedingt wieder ausgeglichen werden, damit der Vogel auch die nächste Nacht gut überleben kann. Um diesen Ausgleich zu erreichen, ist er schon ab dem frühen Morgen auf hochwertige Nahrung angewiesen. Andernfalls kann er schnell in einen kritischen Ernährungszustand geraten, da er ohne Nahrungsaufnahme bereits nach etwa einem Tag so „leer gebrannt" ist, dass er sich nicht mehr erholen kann.[31] Damit ist klar: Wenn dem Vogel eine Futterstelle im Winter helfen soll, dann muss er sie kennen lernen können, *bevor* kritische Winterbedingungen einsetzen, damit er sie dann ohne langes Suchen unverzüglich nutzen kann, und um das sicherzustellen, muss bereits *lange vor der eigentlichen Winterperiode mit der Fütterung begonnen werden.* Wer nicht ohnehin eine sinnvolle Ganzjahresfütterung betreibt (s. S. 41), sollte mit der Winterfütterung im *September* beginnen, also im Spätsommer[1] – und das aus drei guten Gründen. Zu dieser Zeit sind bei uns die meisten Jungvögel ausgeflogen und streifen weit umher, um sich nach Verlassen der elterlichen Brutreviere ihre eigenen Lebensräume zu suchen. Standvögel halten in dieser Zeit v. a. auch nach geeigneten Überwinterungsplätzen Ausschau, und wenn sie dabei bereits eine gute Futterstelle finden, ist das u. U. schon ihre „Überlebens-Versicherung" bis zur nächsten Brutsaison. Viele Jungvögel leben im September auch noch im Familienverband mit ihren Eltern, von denen sie bei früh einsetzender Fütterung häufig an Futterstellen hingeführt werden.[40] Dadurch lernen sie Futterplätze kennen, in deren Nähe sie sich dann auch bevorzugt ansiedeln können.[5] Bei Fütterbeginn ab September haben auch noch viele später wegziehende Arten wie Star, Rotkehlchen, Mönchsgrasmücke u. a. eine Chance, Futterstellen noch vor dem Wegzug kennen zu lernen, die sie sich leicht merken und dann nach Rückkehr im Spätwinter oder Frühjahr bei Nachwintereinbrüchen gezielt nutzen können. Frühzeitiger Fütterungsbeginn gibt somit vielen Individuen

Manche kleinen Arten wie Baumläufer (Bild) oder Zaunkönige überleben kalte Winternächte nur in Schlafgemeinschaften – auch bei bestem Futter.

Eine Futterstelle bringt interessante Überraschungen: seltene Arten – wie etwa einen Kernbeißer – oder oft besondere Verhaltensweisen.

die Möglichkeit, Futterstellen zu entdecken, was später im Jahr nur noch begrenzt möglich ist. Und für uns bedeutet das zudem, auf diese Weise eine möglichst große bunte Schar an Futtergästen zu bekommen.

Aus obiger Darstellung der Körpergewichtsschwankungen, denen ein Kleinvogel von einem Tag zum anderen unterliegt, ergibt sich auch ganz logisch ein Weiteres – nämlich, dass wir die Zufütterung im Winter niemals, auch nicht bei mildem Wetter, unterbrechen, sondern *immer kontinuierlich fortführen* sollten.[56] In etwas weniger strengen Perioden bekommen Vögel die Chance, ihr bisweilen kritisch abgefallenes Gewicht wieder aufzubauen oder sogar Fettdepots anzulegen, die die nächste Kältewelle besser überstehen helfen.

Nun abschließend zur letzten wichtigen Teilfrage dieses Abschnitts: *Wie lange* sollte Winterzufütterung andauern? Sinnvollerweise, wenn sie nicht ohnehin in eine angepasste Ganzjahresfütterung überleitet, *bis in die Brutzeit hinein*, also je nach Witterungsablauf *bis April, Mai oder Anfang Juni.*[1] Für diese Empfehlung muss man sich nur klar machen: Im Spätwinter und zeitigen Frühjahr sind die natürlichen Quellen für Sämereien in unseren nahrungsarmen Landschaften nahezu *vollständig aufgebraucht*, Insekten sind bei kühlem Wetter oft nur begrenzt verfügbar, und neue Samen lassen meist noch lange auf sich warten (etwa vom Löwenzahn, wenn er nicht größtenteils ohnehin schon in der Blüte gemäht wird, wie heute vielerorts üblich). Vögel machen daher im Frühjahr oft eine besonders harte Zeit durch, in der sie zudem auch noch Eier produzieren sollen, was wiederum zusätzliche Körpermasse fordert. *Deshalb ist ausgedehnte Fütterung in die Brutzeit hinein besonders wichtig.* Sie hat noch zwei weitere gute Gründe. Im Zuge der gegenwärtigen globalen Klimaerwärmung kehren viele Zugvögel zunehmend, z. T. bereits um Wochen, früher in ihre Brutgebiete zurück, und viele Arten brüten inzwischen auch um Wochen früher.[46] Da aber auch bei sehr zeitig einsetzender Frühjahrsentwicklung immer wieder Nachwintereinbrüche auftreten können, geraten frühe Heimkehrer, Frühbrüter und deren Nachwuchs oft in große Not. Ihnen hilft eine ausgedehnte Zufütterung, die man dann zu gegebener Zeit *allmählich* ausklingen lassen oder – besser – *in eine Ganzjahresfütterung überleiten sollte.*

Zum Schluss dieses Abschnitts sei darauf hingewiesen, dass Vögel über ein phänomenales Raum-Zeit-Gedächtnis verfügen, das auf „biologischen Uhren“ basiert.[77] So finden z. B. Zugvögel selbst über Zehntausende von Kilometern im Winterquartier etwa ihren Lieblingsschlafbaum, günstige Nahrungsgründe oder im Brutgebiet ihren alten Nistplatz nach Rückkehr wieder.[46] Ebenso werden viele Vögel zielsicher immer wieder, selbst nach Jahren, altbekannte Futterstellen aufsuchen, wenn wir sie nur kontinuierlich in Betrieb halten, was auch durch Ringfunde belegt ist.[8]

Blitzblank – muss das sein?

Einer der häufig vorgebrachten Einwände gegen die Vogelfütterung ist, sie bringe durch Krankheitsübertragungen an Futterstellen so viele z. T. tödliche Gefahren für Vögel mit sich, dass man sie besser unterlassen soll. Das ist erfreulicherweise nicht der Fall (s. S. 14), wie nachfolgend gezeigt wird.

So treten in Großbritannien selbst bei intensiver und ausgedehnter Ganzjahresfütterung Krankheitsfälle nur gelegentlich auf, wie Dauerbeobachtungen über Jahrzehnte zeigen[10].

Das ist, wenn man die Verhältnisse in der freien Natur etwas näher betrachtet, auch gar nicht anders zu erwarten. Noch vor wenigen Jahrzehnten befand sich in unseren Dörfern vor nahezu jedem Haus ein Misthaufen, von dem die Jauche in der Regel auf die ungeteerten Dorfstraßen lief und sich dort mit dem Kot von Pferden, Ochsen, usw. in stinkenden Morast verwandelte. Alte Dorfbeschreibungen geben beredte Kunde von derart „riechbaren" bäuerlichen Siedlungen, und Ältere von uns haben sie noch in persönlicher Erinnerung. Aus dem geschilderten Mist- und Jauche-Milieu haben jedoch Sperlinge, Goldammer, Haubenlerche, Star, Rotschwänze und viele andere Arten Jahrhunderte lang Nahrung aufgenommen, zumindest im Winterhalbjahr. Wäre für sie ein derartig mit Dung, Abfällen u. a. belasteter Nährboden für Mikroben aller Art gefährlich gewesen, wären sie längst ausgestorben – aber gerade in jener Zeit andersartiger Hygieneverhältnisse wiesen die genannten Vogelarten blühende Bestände auf (s. S. 8).

Vögel sind also, wie diese Schilderung zeigt, offenbar selbst gegen derart „unsaubere" Lebensraumverhältnisse ausgesprochen unempfindlich, und das ist bei dem allgemein geringen Infektionsrisiko einerseits und der hohen Immunabwehr von Vögeln andererseits auch gar nicht anders zu erwarten (s. S. 22).

Der Tierarzt Andreas Straub hat in Süddeutschland über 1000 Vögel eingehend auf ein breites Spektrum an potenziellen Krankheitserregern untersucht, nämlich in Kot- und Kloakaltupferproben auf größere Parasiten wie Würmer, auf Kokzidien und v. a. auf Bakterien, dabei insbesondere auf Salmonellen, Yersinien und Listerien. Außerdem wurden Blutproben virologisch auf Antikörper getestet, v. a. auch im Hinblick auf Erreger der verschiedenen Formen von Geflügelpest oder Vogelgrippe. Zu keiner Zeit, auch nicht in der warmen Sommerperiode oder in nicht sauber gehaltenen Futterstellen, wurden Hinweise auf eine vermehrte Kontamination mit pathogenen Keimen festgestellt. Damit ergaben sich auch keine Anzeichen, die selbst bei intensiver ganzjähriger Vogelfütterung auf eine erhöhte Gefahr von Seuchenausbrüchen hingewiesen hätten. Das bedeutet, dass im Normalfall die z. B. in unseren Haushalten üblichen Hygienemaßnahmen ausreichen, um Vögel an Futterstellen gesund zu erhalten. Die Dissertation von Andreas Straub wird nach seiner Promotion, wahrscheinlich 2009, veröffentlicht.

Futterstellen sauber halten

Nach unseren Erfahrungen, unter Abwägung des Wünschenswerten mit dem Machbaren, sollte man in etwa folgendermaßen verfahren: Werden Futterhäuser verwendet, die von vielen Arten gern besucht werden, kann man sich die Reinigung durch Einlegepapiere, herausnehmbare Begrenzungsbrettchen und -leisten oder schubladenartige Einsätze sehr erleichtern. Reinhaltung wird weiterhin begünstigt durch möglichst tägliche Verabreichung kleinerer Futtermengen und regelmäßige Entfernung alten Futters sowie durch Vorkehrungen, die verhindern, dass Futter nass wird und schimmelt (wodurch auch für Vögel gefährliche Giftstoffe entstehen können, die Aflatoxine).

Trotz aller Vorsichtsmaßnahmen sollte ein Futterhaus etwa einmal pro Woche gründlich gereinigt, also ausgekratzt und gegebenenfalls auch ausgewaschen werden. Bei Ganzjahresfütterung sollte es mehrfach im Jahr sehr gründlich gesäubert werden – bei warmem, trockenem Wetter am besten zwischendurch auch mit kochend heißem Wasser. Desinfektionsmittel sollten eher vermieden werden, da sie u. U. Vogelfutter verunreinigen können. Manche Futtermittelanbieter stellen für die fachgerechte Pflege von Futterstellen auch ganze Hygiene-Sets bereit.[61]

Und hier sei nochmals darauf hingewiesen: Idealerweise lassen sich Verschmutzungen durch die Einrichtung mehrerer Futterstellen, die Verwendung von Futtersilos statt -häusern usw. von vornherein weitgehend vermeiden (s. S. 31).

Alle weiteren Fragen, was man z. B. beim Auftreten kranker oder toter Vögel oder bei weiterer Ausbreitung oder dem wiederholten Auftreten einer Vogelgrippe tun sollte, finden Sie ab Seite 50.

Die Ganzjahresfütterung

Gegner der Winterfütterung zucken bei dem Wort Ganzjahresfütterung regelrecht zusammen, und während ganzjähriges Zufüttern in Großbritannien zunehmend im ganzen Land mit großem Nutzen für die Vogelwelt praktiziert wird (s. S. 12 ff.), steckt es bei uns noch in den Kinderschuhen. Immerhin wird Ganzjahresfütterung in fachkundigen Ratgebern inzwischen auch bei uns durchaus positiv gesehen[2, 56], und einige Futtermittelhersteller bieten inzwischen auch schon erstes spezielles Futter dafür an (z. B. „All Rounder Ganzjahres Snacks" oder „Sommer-Meisenknödel").

Viele Vogelfreunde, denen wir die von uns seit langem praktizierte und laufend von Untersuchungen begleitete Ganzjahresfütterung empfohlen haben, sind inzwischen von ihr hell begeistert, und die im Folgenden noch einmal zusammengefassten Aspekte mögen viele Ganzjahresfütterer hinzugewinnen.

Grundsätzliche Aspekte

Mit ganzjähriger Zufütterung kann man u. a. erreichen: den Erhalt lokaler Haussperlingspopulationen, die ganzjährig auf Verfügbarkeit von Futter in einem eng begrenzten Lebensraum angewiesen sind, die Neuansiedlung von kleineren Haus- und Feldsperlingspopulationen, die verstärkte Ansiedlung von Meisen und anderen Arten in der Umgebung von Futterstellen, eine positive Bestandsentwicklung zumindest bei einer Reihe von Arten, die Ganzjahresfutterstellen häufig nutzen, Bestandsstützung bei vielen Arten zumindest in kritischen Ernährungssituationen, Erhöhung des Bruterfolgs in entsprechenden Situationen, insbesondere über eine günstige Energiebilanz der Elternvögel, aber auch durch Unterstützung der Nestlingsnahrung, Sicherung günstiger Futterquellen für die kritische Winterperiode durch Kennenlernen in der Zeit der Jugendstreuung, allmähliche Gewöhnung von Arten an Futterstellen, die sie bisher nur zögerlich besuchen, durch Traditionsbildung, etwa bei Stieglitz und Grünspecht.
Sicher kennen wir erst einen Teil der Vorteile, die wir Vögeln durch Ganzjahresfütterung bieten können, und vieles werden wir künftig hinzulernen. Die Firma „CJ WildBird Foods" in Großbritannien hat z. B. im Frühjahr 2006 ein Pellet-Futter für die Aufzucht von Staren fertiggestellt, das große Erfolge verspricht. Damit könnte sich u. U. der weitere Zusammenbruch vieler europäischer Starenpopulationen, dem schon rund drei Viertel aller Vögel zum Opfer gefallen sind (s. S. 10), zumindest im Einzugsbereich von Fütterungen aufhalten lassen. Darüber werden wir in Bälde in entsprechenden Berichten mehr erfahren.
Um herauszufinden, was sich in Vogelpopulationen durch Ganzjahresfütterung alles verbessern lässt, planen das Institut für Vogelforschung in Wilhelmshaven und die Vogelwarte Radolfzell, Max-Planck-Institut für Ornithologie, in Verbindung mit „CJ WildBird Foods" eine groß angelegte Studie an Kohlmeisen. Auf Probe- und Kontrollflächen in Nord- und Süddeutschland soll ab 2007 an größeren Populationen der Einfluss der Ganzjahresfütterung auf sämtliche Kenngrößen der Brutbiologie untersucht werden, also vom Ausgangsgewicht der Elternvögel angefangen über den Brutbeginn, die Ei- und Gelegegröße und über den Ausfliegeerfolg bis hin zum Überleben des Nachwuchses über die kommenden Jahre sowie dessen Bruterfolg. Kohlmeisen eignen sich für eine solche Studie hervorragend. Zum einen lassen sie sich derzeit – noch – in recht großer Zahl in angebotenen Nistkästen ansiedeln und dadurch gut untersuchen. Zum anderen bekommen auch Kohlmeisen, als weitere typische „Allerweltsart", in unserer Umwelt u. U.

Entnimmt man aus einer Kokosnuss nur die „Milch", hacken Blaumeisen und andere das Nuss-Fleisch aus; später kann man die Nuss mit einer Fettmischung füllen.

zunehmend Probleme. Eigentlich müsste diese kaum ziehende und auf hohe Verluste im Winterhalbjahr ausgerichtete Art (mit mehreren Bruten im Jahr und z. T. vielen Jungen pro Brut) im Zuge der globalen Klimaerwärmung mit milderen Wintern, zeitigeren Frühjahren und folglich früherem Brutbeginn längst stark im Bestand angewachsen sein. Dass das nicht der Fall ist, mag an einer ganzen Reihe von Faktoren liegen, wie klimatisch bedingtem Auseinanderdriften der Legeperiode und dem optimalen Angebot an Insekten für die Jungenaufzucht, wie für einige Arten aufgezeigt[67], zurückgehendem Bruterfolg infolge zunehmender kritischer Niederschlagsperioden im Sommerhalbjahr[68] sowie bedingt durch sauren Regen (s. S. 9) oder Ansteigen der Parasitenbelastung, die sich z. B. bei Amphibien bereits verheerend auswirkt.[69] Auch auf derartige Fragen lässt die geplante Studie wichtige Antworten erwarten und v. a., inwieweit die ganzjährige Zufütterung wird helfen können, zunehmende Umweltbeeinträchtigungen von Vögeln abzufangen oder zu mildern.

Eigentlich erübrigt sich der abschließende Hinweis nach dem bisher Dargestellten, aber zur Vorsicht sei er gegeben: Auch die ganzjährige Zufütterung sollte natürlich unbedingt kontinuierlich, also *möglichst ohne jede Unterbrechung* erfolgen – sonst könnte es manchen, wie beispielsweise unseren Spatzen, rasch „an den Kragen gehen"! Dabei lassen sich mit Futtersilos, Fettknödeln, usw. einige Tage Abwesenheit leicht überbrücken.

Saisonspezifische Futtermittel

Die Ganzjahresfütterung unterscheidet sich im Hinblick auf die anzubietenden Futtermittel für das Sommerhalbjahr zwar *nicht grundsätzlich* von der Winterfütterung, aber *graduell*. Dafür muss man sich zunächst noch einmal klar machen: Ganzjährige Zufütterung stellt in der Regel in erster Linie Futter für Altvögel und bereits weitgehend selbstständige (flügge) Jungvögel bereit und nur in sehr beschränktem Umfang Nahrung für die Aufzucht von Nestlingen – es sei denn, es werden dafür ganz spezielle Futtermittel angeboten (s. unten). Weiter gilt es zu berücksichtigen, dass das Sommerhalbjahr für Alles- wie für Körnerfresser die Jahreszeit des Weichfutters oder zumindest „weicherer" Futteranteile ist. Das ist bei der Planung, Vorratshaltung und Bereitstellung von Futtermitteln unbedingt im Auge zu behalten. Das ganze Sommerhalbjahr über beliebt als günstige Energielieferanten für die mit der Brut stark in Anspruch genommenen Elternvögel bleiben Erdnüsse (in Erdnuss-Spendern) sowie Meisenknödel. Beide sollte man in ausreichender Menge vorrätig halten, Letztere kann man auch leicht durch selbst hergestellte Fettfuttermischungen (s. S. 37) ersetzen. Häufig sind Fettfuttermischungen auch im Sommerhalbjahr die bevorzugte Lieblingsspeise.[40]

Von den gängigen Winter-Streufutter- und Winter-Fettfuttermischungen werden im Sommerhalbjahr v. a. größere Bestandteile wie Sonnenblumenkerne, Getreidekörner, Haferflocken, usw. weitgehend verschmäht, kleinere Sämereien hingegen bevorzugt. Unsere Körnerfresser füttern ihre Jungen nicht nur mit Insekten, sondern mit zunehmendem Alter mehr und mehr mit breiigem Futter aus Sämereien, das im Kropf vorverdaut wird. Dafür werden, wenn erreichbar, in der Natur z. B. milchreife Samen vom Löwenzahn, kleinste Samen von Orant, Ehrenpreis-Arten usw. verwendet. Entsprechend kleine Sämereien werden aber auch an Sommerfutterstellen aufgenommen, ebenso natürlich auch von frisch ausgeflogenen Jungvögeln. Deshalb ist die Bereitstellung von Futtermischungen, auch von speziellem Aufzuchtfutter für Wald- und Kanarienvögel, Sittiche u. a. günstig, die Zoofachgeschäfte anbieten. „CJ WildBird Foods" hat ein spezielles Aufzuchtfutter für Stare in Pelletform entwickelt, das man in der Nähe von Staren-Nisthöhlen auslegen kann. Es entspricht in der Zusammensetzung weitgehend einer Hauptnahrung der Stare, nämlich Larven der Wiesenschnake, und hat einen Proteingehalt von über 35%, enthält wichtige Mineralstoffe und Vitamine, aber weniger Natrium und Kalium, was für die Nestlinge günstig ist. Gegen Wettereinflüsse sind die Pellets durch einen Fettfilm geschützt.

Ganz ideale Futtermittel für das Sommerhalbjahr sind natürlich Weichfuttermischungen mit hohem Insektenanteil, insektenreiche Energie-Kuchen (s. S. 34), Bienenlarven (s. S. 37) oder verschiedenartiges Lebendfutter wie Mehl- und Regenwürmer, Wachsmottenlarven, Heimchen (Hausgrillen) u. a. Diese Futtermittel haben allerdings den großen Nachteil, dass sie recht kostspielig sind. Wer genügend Zeit hat, kann sie jedoch z. T. kostengünstig selbst herstellen oder heranzüchten.

Diese Ausführungen sollen hier genügen. Weit mehr als für die bestens eingeführte Winterfütterung gilt für die Zufütterung im Sommerhalbjahr: vielerlei ausprobieren und sorgfältig beobachten, sich in die Ansprüche der Vögel hineindenken – dann wird die Fütterung optimal.

Futterverbrauch im Jahresverlauf

Regelrecht spannende Fragen, die sich bei ganzjähriger Zufütterung stellen, sind: Für welche Monate muss man das meiste, für welche das wenigste Futter einplanen, oder wie sieht es zur Brutzeit der Vögel mit dem Futterverbrauch aus? Glücklicherweise haben wir eher unerfahrenen Neulinge auf diesem Gebiet eine sehr anschauliche Jahresübersicht mit Monatsangaben für 19 Vogelarten aus Großbritannien vorliegen, die uns zumindest Richtwerte geben kann. Nicht überraschend ist, dass die erforderlichen Futtermittelmengen für die Monate Januar und Februar fast durchweg hoch liegen und bereits im Dezember stark ansteigen. Eher unerwartet und überraschend ist, dass der Futterverbrauch im Oktober am geringsten und auch im September sehr niedrig ist. Das deckt sich ganz mit unseren Erfahrungen in Süddeutschland. Die Erklärung dafür ist einfach: Im Oktober und September gibt es selbst in unserer ausgeräumten Umwelt für Vögel noch relativ viel Futter – noch recht reichhaltiges Insektenleben und in Resten an Wildkräuterbeständen usw. um diese Zeit auch noch ein vergleichsweise gutes Angebot an Samen.
Die niedrigen Oktober- und September-Verbrauchswerte an Futterstellen sind zudem geradezu ein Lehrstück im Hinblick auf Scheinargumente von Gegnern der Vogelfütterung. Obwohl bei uns nach Abschluss der Brutperiode im August/September, also im Spätsommer und Frühherbst, *die größte Vogeldichte* herrscht, ist dennoch um diese Zeit der Futterstellenbesuch und Futterverbrauch *am geringsten*. Vögel betreiben somit beileibe keine Fettlebe in Wohlstandsverwahrlosung, indem sie sich einfach an gefüllte Futterhäuser setzen. Vielmehr beschaffen sie sich ihr Futter durchaus selbst, wenn sie genügend davon in der Natur vorfinden. Und sie würden Futterstellen auch über den Oktober hinaus nur spärlich aufsuchen, wenn ihnen in dieser Zeit ebenfalls genügend natürliche Nahrung verbliebe. Einfache, aber geradezu klassische Beispiele aus jüngster Zeit belegen das: Gelingt es, auf Stilllegungsflächen große Mengen an Wildkräutern und Stauden bis in den Winter hinein zu erhalten, können dort Hunderte von Feldsperlingen, Goldammern, Grünlingen, Girlitzen, Hänflingen, Wiesenpiepern, auch Grauammern und andere bis in den Winter hinein verbleiben, *ohne benachbarte Futterstellen zu besuchen*. Einen derartigen Freilandversuch konnten wir 2005 mit der Einrichtung des Heinz-Sielmann-Weihers und seines Umfelds im Bodenseegebiet durchführen.
Weiterhin überraschend mag sein, wie lange die Futterverbrauchswerte im Frühjahr und Sommer hoch bleiben – bei den meisten Arten bis in den April, bei gut der Hälfte der Arten bis Mai/Juni und länger und bei manchen Arten steigen sie nach dem Winter zum Frühjahr oder Sommer hin sogar deutlich an, wie auch bei uns festgestellt wurde.[40]
Dieses jahreszeitliche Muster lässt sich für die einzelnen Arten sehr gut mit den spezifischen Anstrengungen für Folgebruten, Mauser, dem sommerlichen Abfall an Beutetieren usw. erklären.
Bei Übertragung der in der Abbildung dargestellten Futterverbrauchswerte müssen wir uns abschließend noch eines klar machen: Großbritannien ist extrem wintermild, sodass dort in vielen Jahren in niedrigeren Lagen kaum Frost und Schnee auftreten. Legt man die in unseren Breiten die zumindest derzeit noch herrschenden Winterbedingungen zugrunde, heißt das, dass Futterverbrauchswerte bei uns im Frühjahr noch länger hoch liegen werden als in Großbritannien und auch im Herbst, v.a. im November, häufig früher stärker ansteigen werden. Darauf sollten wir bei der Planung von Futtermitteln für die ganzjährige Fütterung achten. Wie man für eine bestimmte Anzahl von Futtergästen Futtermengen relativ genau abschätzen kann, wurde auf Seite 36 beschrieben.

Kokosnuss-Glocken kann man auch unauffällig am Waldrand aufhängen und dort auch seltenere Arten wie Schwanzmeisen oder Goldhähnchen antreffen.

Nützliche Tipps für die Urlaubszeit

Besorgte Vogelfreunde fragen an: Darf ich überhaupt eine Ganzjahres-Futterstelle einrichten, wenn während meines Urlaubs keiner da ist, um sie zu versorgen? Verhungern dann womöglich die im Stich gelassenen Vögel? Kein Problem – mit einer leicht einzurichtenden Vorratsfütterung lassen sich Zeiträume von bis zu drei Wochen gut überbrücken.

Ideal ist folgende Dreier-Kombination (s. Foto unten):

1) Das Großraum-Silo: Einige Firmen (Schwegler, Vivara) bieten Futter-Silos an, die 6 l oder ca. 3,5 kg Streufutter fassen. Vom festgestellten Futterverbrauch her lässt sich leicht abschätzen, mit wie vielen, voll mit Futter gefüllten Großsilos sich welcher Zeitraum sicher abdecken lässt.

2) Fett-(Meisen-)Knödel: Sie können als ideales Ganzjahresfutter, das auch im Sommerhalbjahr sehr wichtig ist, ebenfalls in beliebiger erforderlicher Anzahl auf Vorrat angeboten werden, und zwar in der auf S. 30 abgebildeten Stahlspirale. Diese lässt sich so weit ausdehnen, dass in einer Spirale sechs Knödel dargereicht werden können (s. Foto unten). Um den Vögeln das Fressen an den Knödeln zu erleichtern, sollte man sie ohne die sie umgebenden Kunststoff-Netze in die Spirale einbringen. Dazu kann man einfach vorher die Netze entfernen. Mit einer Reihe von derart gefüllten Spiralen lässt sich ein längerer Urlaub gut überbrücken.

3) Erdnuss-Spender: Die auf S. 34 abgebildeten Gitterwand-Silos sind ebenfalls bestens geeignet für ein hochwertiges Futterangebot auf Vorrat.

Die ideale Vorratsfütterung mit Futterhaus, Großsilos, Erdnuss-Spendern und Spiralen mit je sechs Meisenknödeln

Maßnahmen vor einem Sommerurlaub

Gilt es, einen Sommerurlaub mit möglicherweise recht hohen Temperaturen und bisweilen starken Gewitterschauern zu überbrücken, sind drei weitere Vorkehrungen sehr hilfreich:

1) Vor allem Knödel sollten im Schatten aufgehängt werden, sodass sie bei starker Sonnen-

Kleiber bearbeiten oft die auch im Sommer höchst wichtigen Knödel, sodass für Bodenvögel Futterbröckchen abfallen.

ist folgende Abhilfe sehr zu empfehlen: Ein etwa 2,5 cm hoher und etwa 1 m × 1 m großer Lattenrost, z. B. aus Dachlatten, wird mit relativ feinem Maschendraht („Hasenstalldraht") bespannt und unter die Fütterungsstelle gelegt. So sind die unter den Draht fallenden Futterreste, die sich mit Vogelkot vermischen, nicht mehr für Vögel erreichbar und können nach dem Urlaub entsorgt werden.

einstrahlung nicht zu weich werden können.

2) Zum Schutz vor Sonne und Regen hilft, wenn Silos und Spiralen mit Knödeln unter einem waagrecht aufgehängten Brett, Blech oder Kunststoffdach angebracht werden, sodass sie von oben geschützt sind. Sie sollten aber gut angeflogen werden können, damit auch empfindliche Arten, wie z. B. Finken, die Futterstelle weiterhin besuchen und nicht abgehalten werden.

3) Damit sich bei hohen Temperaturen und viel Feuchtigkeit am Boden unter Fütterungen aus dem herunterfallenden Futter kein unhygienischer Bodensatz für die am Boden fressenden Vögel bilden kann,

Es wäre sicher reizvoll, einmal in einem Fotowettbewerb festzuhalten, welche Akrobatik Buntspechte und andere Arten zum Futter führt.

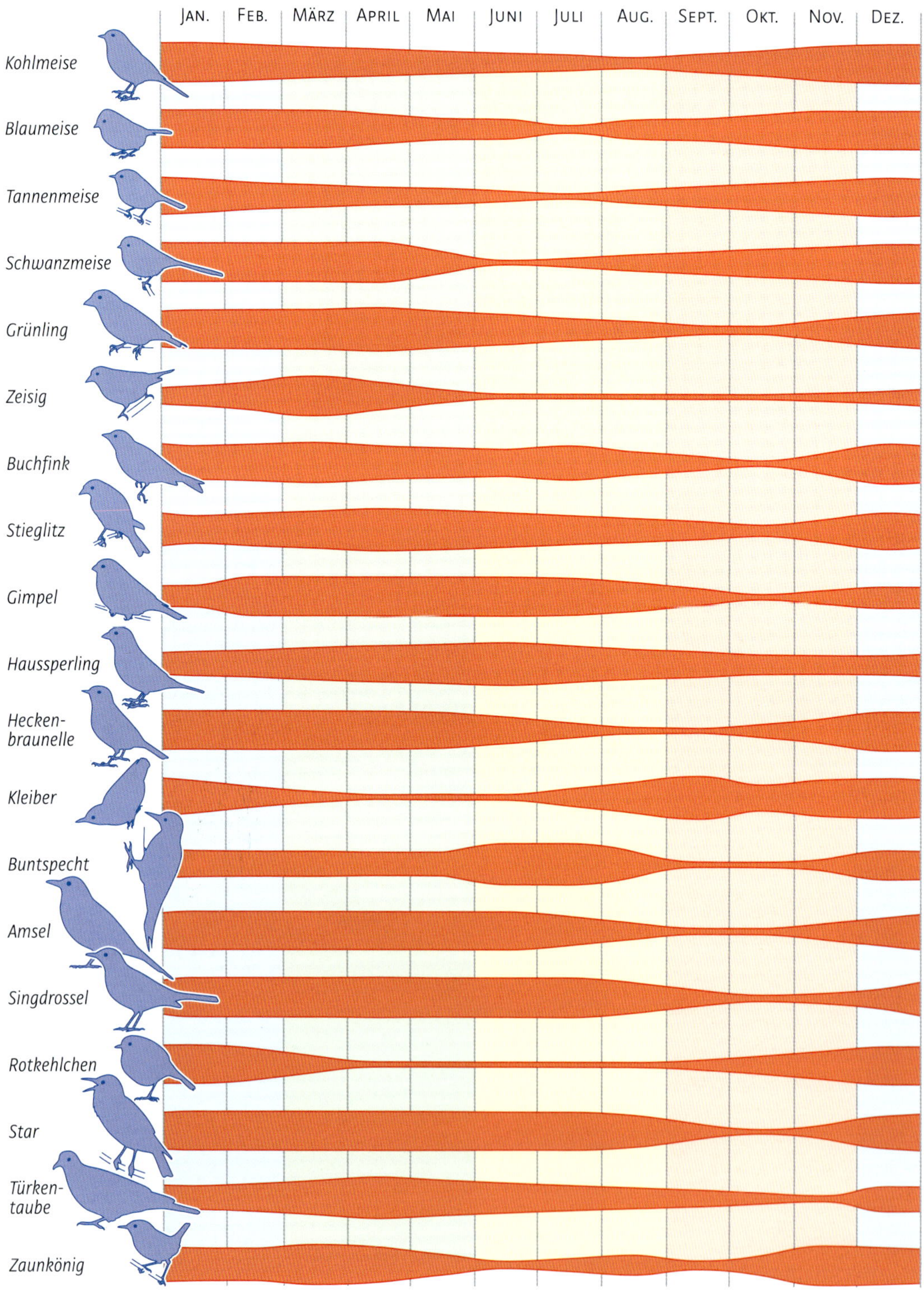

Der relative durchschnittliche jahreszeitliche Futterverbrauch von 19 Vogelarten an Futterstellen in Gärten in England

Verwilderte Haustauben und frei lebende Wasservögel

Verwilderte Haustauben können an Futterstellen für Kleinvögel v. a. in Städten auftauchen, auf dem Lande sind sie die Ausnahme, z. B. dann, wenn etwa eine auf dem Heimflug befindliche Brieftaube irgendwo „hängen geblieben" ist. „Stadttauben" an Futterstellen können erhebliche Probleme bereiten: Zum einen fressen sie u. U. regelmäßig in Windeseile das gesamte ausgelegte, für ganz andere Vogelarten gedachte Futter weg, und zum anderen kann man unliebsam mit dem Gesetz in Konflikt geraten, wenn Verbote für das Füttern von Tauben oder Wasservögeln vorliegen.

Diese werden vielerorts erlassen, um „Taubenüberpopulationen" abzubauen, die häufig starke Verschmutzungen durch Kot hervorrufen.[71] Der Bayerische Verfassungsgerichtshof hat kürzlich ein Taubenfütterungsverbot ausdrücklich bestätigt und als verfassungskonform erklärt. Demnach gilt für ausgewiesene Bereiche das Verbot „Futter- und Lebensmittel auszulegen, die erfahrungsgemäß von Tauben aufgenommen werden".[70]

Gegen unerwünschte Nahrungsaufnahme durch verwilderte Stadttauben kann man Futterstellen leicht schützen: am einfachsten durch Aufhängen von Futtersilos, Erdnuss-Spendern, Meisenknödeln usw., die entweder überhaupt oder zumindest an bestimmten Plätzen aufgehängt für Tauben unzugänglich sind. Aber auch Futterhäuser können leicht durch einfache Absperrgitter vor Tauben geschützt werden. Durch sie können Kleinvögel, und gegebenenfalls auch die relativ kleinen Türkentauben, mühelos ein- und ausschlüpfen, nicht aber die deutlich größeren Haustauben. Selbst von einer Bodenfutterstelle kann man verwilderte Tauben fernhalten, indem man sie unter etwas Deckung, z. B. in lichtem Gebüsch anlegt, so dass Tauben schlechten Anflug haben oder sich nicht hintrauen.

Es kann zweifellos sehr reizvoll sein, z. B. am Ufer eines Sees, Brotstücke ins Wasser zu werfen, um dann zu erleben, wie Schwäne, Blässhühner, Stock- und andere Enten sowie Möwen z. T. in großer Anzahl herbeieilen, um sich um die Futterbrocken zu balgen. Kommen Wasservögel an bestimmte Stellen rasch in großer Zahl, dann heißt das, dass sie dort regelmäßig gefüttert werden und an Futter gewöhnt sind – und damit ergeben sich schnell Probleme.

Handelt es sich um kleinere Gewässer, wie z. B. Teiche in Stadtparks, womöglich ohne Zu- und Abfluss, führt das Zufüttern von Brot usw., das sich durch größere Besucherzahlen schon in wenigen Wochen zu Zentnermengen aufsummieren kann, zu einer erheblichen Verschlechterung der Wasserqualität. Eine derartige Eutrophierung („Düngung") kleiner Gewässer ruft meist übermäßiges Algenwachstum hervor, führt zu Wassertrübung und Faulschlammbildung, reduziert den Sauerstoffgehalt im Wasser usw. Dadurch werden viele Pflanzen, Kleinlebewesen und, wenn vorhanden, auch Fische geschädigt, wodurch das *natürliche Nahrungsangebot für Wasservögel verringert wird*. Und selbst in größeren Gewässern wie dem Bodensee kann das Füttern von Wasservögeln die natürlichen Lebensgemeinschaften in ufernahen Flachwasserzonen erheblich stören.

Futterzahme Wasservögel kommen vielfach nicht nur nahe ans Ufer, sondern häufig auch in angrenzende Promenaden, Parkwiesen usw. Dabei können weitere Probleme entstehen, wenn etwa ganze Trupps von Kanadagänsen, Schwänen oder Blässhühnern zum Futterbetteln in Liegewiesen von Bädern oder Kurparks laufen und dabei an vielen Stellen ihren Kot absetzen. In besonders schlimmen Fällen, wenn sich die angefütterten Vögel nicht vertreiben ließen, mussten aus Hygienegründen schon Bäder zeitweilig geschlossen werden.

Diese Reihe von negativen Faktoren der Fütterung von Wasservögeln macht es sinnvoll, diese Vögel in der freien Natur grundsätzlich *nicht* zu füttern. Vielerorts bestehen deshalb auch ähnlich strikte Verbote wie in Bezug auf das Füttern verwilderter Haustauben. Diese Verbote brauchen uns auch nicht zu bekümmern, da Wasservögel heutzutage in unseren relativ nährstoffreichen Gewässern praktisch überall ausreichend natürliche Nahrung vorfinden. Sollten irgendwo Engpässe entstehen, erreichen sie als schnelle Flieger rasch andere Gewässer, wo sie ihr Auskommen finden. Davon gibt es Ausnahmen: extrem strenge Winter, wie z. B. den „Jahrhundertwinter" 1962/1963 mit der Bodensee-„Seegfrörne". In solchen Wintern geraten auch viele Wasservögel in große Not, und dann kann man ihnen durch das Offenhalten von Wasserflächen, Fütterung oder gar vorübergehende Aufnahme in geschützte Räume sinnvoll helfen.[65] Derartige Notfütterung macht jedoch keinerlei Sinn als gelegentliche Zufütterung von meist nährstoffarmem Weißbrot, sondern muss von Vogel- und Tierschutzverbänden mit hochwertiger Nahrung an festgelegten Futterstellen vom Ufer entfernt organisiert werden.

Hilfe für die Straßentauben

Durch das Aufstellen spezieller Taubenhäuser lassen sich Stadttauben gezielt versorgen und im Brutbestand kontrollieren.

Wir hatten im Hinblick auf die vielerorts gültigen Fütterungsverbote von verwilderten Haustauben empfohlen, die Tauben durch Futtersilos, Absperrgitter an Futterhäusern usw. von Futterstellen für Wildvögel fernzuhalten (s. S. 47). Gegen diese Aussperrung haben Mitglieder der „Bundesarbeitsgruppe Stadttauben“ u. a. Bedenken. Ihr „Konzept zur tierschutzgerechten Regulierung der Stadttaubenpopulation“ sieht wie das Ziel der Landestierschutzbeiräte zur „Schaffung und dauerhaften Erhaltung eines gesunden Taubenbestands mit an die lokalen Anforderungen angepasster und kontrollierter Größe“ eine „kontrollierte Fütterung“ an speziellen Taubenhäusern vor. Dafür bitten die genannten Gremien um Unterstützung – unseres Erachtens ein guter Weg, zumal Stadttauben auch eine wichtige Nahrungsgrundlage für die wieder anwachsende Population des Wanderfalken darstellen.

Stadttauben sind beliebte Beutetiere des im Bestand wieder zunehmenden Wanderfalken; ihr Verzehr schont Brieftauben und Wildvögel.

Die Problempflanze Ambrosie

Wieder ist eine unerwünschte Pflanze auch zu uns vorgedrungen – die (Beifuß- oder Beifußblättrige) Ambrosie (*Ambrosia artemisiifolia*), die auch Trauben- oder Taubenkraut genannt wird, ein dem Beifuß ähnlicher Korbblütler. Sie stammt aus Nordamerika, hat sich in den letzten Jahren in Südeuropa stark ausgebreitet und inzwischen auch in Deutschland v. a. in drei Regionen Fuß gefasst: im Bereich Mannheim – Karlsruhe, im Raum Cottbus sowie in Niederbayern. Leider hat sie im Gegensatz zu anderen eingeschleppten Arten, wie z. B. der Goldrute, eine unangenehme Eigenschaft: Sie kann dort, „wo sie in größeren Mengen auftritt ... bei Menschen schwerwiegende Allergien und ... Asthma verursachen.“[r]

Wieso interessiert das hier? Der Grund: Weil Ambrosien-Samen auch über Vogelfutter verbreitet werden können. Dies wurde zunächst in den Medien völlig überbewertet. Die Vogelfutter-Industrie hat darauf sofort reagiert: Alle Vogelfutter-Hersteller säubern inzwischen ihre Rohstoffe. Die „Ambrosien-

[r] Alberternst et al. 2006, Nachrichtenbl. Deut. Pflanzenschutzd. 58: 1

Die eingeschleppte Ambrosie wurde von den Medien viel zu gefahrvoll dargestellt. Dabei lässt sie sich leicht vor der späten Blütezeit ausrupfen. Inzwischen sind auch ihre Samen aus dem Vogelfutter fast verschwunden.

Samen werden herausgefiltert und auf unter 0,005 % (gesetzlicher Grenzwert der Schweiz) im Futter reduziert.“[5] Ein guter Beleg dafür ist: Wir haben 2007 bei über 5 t Futterverbrauch keine Ambrosien-Samen mehr gehabt, 2005 waren es noch ca. 20.

Sollte doch einmal eine Ambrosie dabei sein und auskeimen, so muss man wissen: Die Pflanzen gedeihen nur in offenem Boden, etwa im Garten, nicht jedoch in dichtem Rasen. Da sie erst spät im Jahr blühen (Juli bis Oktober, bei milder Witterung auch bis Dezember) und auch erst dann den allergieauslösenden Pollen bilden, sind sie lange Zeit völlig ungefährlich. Sie lassen sich wie andere Garten-Wildkräuter einfach ausrupfen.

Dennoch werden uns Ambrosien zukünftig zunehmend zu schaffen machen, auch wenn die Vogelfutter-Leute sofort Abhilfe geschaffen haben: „Sie wachsen nämlich in erster Linie an Straßen- und Wegrändern, auf Industriebrachen, in Hafenanlagen [...] Neubausiedlungen [...] Bahnanlagen“, wohin sie bei den alltäglichen Transporten von Waren und Erde leicht gelangen.[r]

[5] NABU, Natursch. heute 008: 36

Kranke oder tote Vögel – was tun?

In manchen Ratgebern liest man, dass schon beim Auftreten eines toten Vogels an einem Futterplatz die Futterstelle sofort geschlossen werden sollte. Das ist Unsinn und könnte bei strengem Winterwetter u. U. hunderte Vögel, die sich auf einen Futterplatz eingestellt haben, in Hungersnot bringen. Wir sollten vielmehr schrittweise vorgehen – von sorgfältiger Beobachtung über Diagnose zu angemessenen Maßnahmen.

Ein (gelegentlich) anfallender toter Vogel etwa auf dem Balkon oder der Terrasse ist sehr häufig das Opfer vom Anflug an eine Glasscheibe. Hört man öfters Futterstellen befliegende Vögel gegen Glasscheiben prallen, dann sollte man die Scheiben durch Vorhängen von Netzen, Abdecken mit Zweigen usw. besser sichtbar machen oder noch besser die Futterstelle an einen anderen Ort verlegen. Gegenwärtig werden in der Vogelwarte Radolfzell Fensterscheiben getestet, die eine für Vögel sichtbare, für uns jedoch unsichtbare abweisende Musterung im UV-Lichtbereich besitzen und die künftig Scheibenanflüge verhindern sollen. Scheibenanflug-Opfer kann man leicht erkennen an eingedrücktem Vorderschädel, Bluten aus dem Schnabel oder verschiebbarem Oberschnabel. Eindeutige Klarheit über die Todesursache erhält man von einer tierärztlichen Untersuchungsanstalt (zu erfragen beim Staatlichen Veterinäramt).
Gelegentlich tauchen kranke Vögel an Futterstellen auf. Lassen sie z. B. einen Flügel hängen, spricht das für eine Verletzung, z. B. durch eine Katze. Innere Krankheiten, v. a. der Befall mit Parasiten oder Infektionen, drücken sich meist folgendermaßen aus: durch aufgeplustertes Gefieder und kugelige Gestalt, abstehende Flügel, langsame Bewegungen (kurze Hüpfer), reduziertes Fluchtverhalten und häufige Flüssigkeitsaufnahme. Für dieses Erscheinungsbild kommt eine ganze Reihe von Ursachen in Frage, v. a. Kokzidiose, Salmonellose, Kolibazillose oder auch Bandwurmbefall. Schon diese kurze Auflistung, die unvollständig ist, zeigt, dass ein relativ einheitliches Krankheitsbild durch ganz verschiedene Erreger verursacht werden kann, von denen einige am Futterplatz verbreitet werden *können* (Salmonellen, Kolibakterien, z. T. Kokzidien), viele aber andere Befallswege benötigen, wie z. B. bei Bandwurmbefall Zwischenwirte wie Käfer. Deshalb wäre es wenig sinnvoll, bei Auftreten weniger kranker Vögel eine Futterstelle ohne weiteres zu schließen. Auch in diesem Fall sollte man schrittweise weiterverfahren. Hat man Glück, verschwinden einzelne kranke Vögel alsbald wieder – z. B., weil sie der Sperber gefangen hat. Lässt sich ein kranker, sehr geschwächter Vogel mit der Hand ergreifen (Schutzhandschuhe tragen!!), sollte man ihn von einem fachkundigen Tierarzt untersuchen lassen. Fallen tote Vögel öfter oder vermehrt an, sollte unbedingt das Staatliche Veterinäramt eingeschaltet werden, um danach, eventuell nach dessen Vorschlägen, geeignete Maßnahmen vorzunehmen. Liegt tatsächlich eine Salmonellose vor, wird nach derzeitig üblicher Praxis eine Futterstelle für mehrere Tage geschlossen, alles alte Futter wird entsorgt, Futterspender werden desinfiziert oder besser gegen neue ausgetauscht, und der Boden im Futterstellenbereich wird am besten umgegraben. Nach einigen Tagen kann man dann die Futterstelle wieder in Betrieb nehmen, unter sorgfältiger Beobachtung im Hinblick auf eventuelle Rückfälle.
In der „Garden Bird Health Initiative“[10], die in Großbritannien durchgeführt wird (s. S. 13), beschäftigt man sich mit vielen weiteren Fragen, z. B. ob u. U. Grünlinge gegen manche Krankheiten empfindlicher sind als andere Arten und ob sich im Futterstellenbereich gewisse gezielte Behandlungen mit Medikamenten durchführen lassen u. a. m. Von diesen sorgfältigen Untersuchungen werden auch die Vogelfütterer im kontinentalen Europa profitieren.

Vogelgrippe

Sollte sich die 2006 bei uns ausgebrochene Vogelgrippe weiter ausbreiten oder wieder aufleben, werden besondere Hygienemaßnahmen erforderlich sein und von den zuständigen Veterinärämtern und Vogelwarten in den Amtsblättern und Medien mitgeteilt werden. Das Wichtigste ist dann das Tragen von Schutzhandschuhen beim Hantieren an Futterstellen. Das generelle Schließen von Futterstellen wäre absolut unsinnig, denn gerade Futterplätze können uns in vorzüglicher Weise Informationen darüber liefern, *wo* und bei *welchen Arten* regional Vogelgrippeerkrankungen auftreten und umgekehrt wo nicht. Damit ist die Futterstelle ein idealer *Indikator für eine mögliche regionale Verseuchung sowie für Unbedenklichkeit* und sollte nur im Falle einer hochgradigen Epidemie stillgelegt werden. Vögel weiter zu füttern, empfiehlt auch der NABU, zumindest solange keine Singvögel von der Vogelgrippe befallen sind.

Ergänzende Vogelschutz-maßnahmen

Michael Lohmann schrieb 2005[2]: „Ein auf Hochglanz polierter, mit dem Staubsauger gepflegter Garten bietet Vögeln weder Schutz noch Nahrung. Ein Futterhaus wirkt hier wie ein Widerspruch."

Das ist in der Tat so, oder wie ein Rufer in der Wüste, wenn z. B. dieses Futterhaus mitten auf einem „Psychopathen"-Rasen (einer heruntergehobelten Grünfläche, auf der von Frühjahr bis Herbst etwa wöchentlich einmal ein wie irre Anmutender hinter einer lärmenden und stinkenden Maschine herläuft, um anschließend das, wovon in Indien oder der Sahelzone ganze Familien mit ihren Ziegen und Hühnern das Jahr über gut leben könnten, in eine Abfalltonne zu stopfen und um danach die Grasnarbenplantage mit Kraftdünger und Herbiziden gegen Gänseblümchen und Löwenzahn auf ordnungsgemäßen Wiederaufwuchs zu trimmen, bis zum nächsten Radikalverschnitt) platziert ist. Dabei bietet selbst schon ein kleiner Garten die Möglichkeit, eine „Oase in der zugepflasterten Zivilisationswüste"[56] zu schaffen, in der Vogelfutterstellen erst so recht ihre optimale Wirkung entfalten können. Wir hegen und pflegen z. B. auf unserem Grundstück im Bodenseebereich von 600 m² Fläche (einschließlich Haus) neben allerlei Gemüse bis hin zu Kartoffeln und Kohl über 1000 einheimische *Wildpflanzenarten*, eingestreut zwischen Bäume und Büsche, auf allen Gartenpfaden und natürlich bis in die Gemüsebeete hinein, was die Erträge überhaupt nicht schmälert. Ein Meer von Tausenden von Blüten von Wegwarte, Kriechender Rose oder Zaunrübe lockt Myriaden von Insekten an und die wiederum in großer Zahl Insekten fressende Vögel, so wie später die Samen tragenden Stauden und Kräuter, die erst im Februar/März abgeräumt werden, ganze Trupps von Stieglitzen, Girlitzen, Gimpeln bis hin zu Weidenmeisen. Von derartigen heutzutage paradiesischen – aber noch vor etwa 50 Jahren völlig normalen! – Gartenverhältnissen finden Vögel natürlich ganz leicht Zugang zu den an verschiedenen Stellen angebrachten Futtersilos, Meisenknödeln, Erdnuss-Spendern oder zum größeren Futterhaus, allesamt ausgerichtet für die ganzjährige Zufütterung. Im Folgenden die wichtigsten Maßnahmen (mehr dazu in guter Literatur[72, 73]):

Ein Vogelparadies an der Hausecke: Anemonenwaldrebe und Zaunrübe für Aufenthalt und Brut, Weinreben als Futterpflanze und Kunstnester unterm Dach

Die wochenlang blühende Wegwarte ist nicht nur dekorativ, sondern bietet Stieglitzen u. a. Samen über viele Monate bis ins Frühjahr hinein.

Der vogelfreundliche Garten

Je strukturreicher ein Garten durch das Nebeneinander von Bäumen, Sträuchern, Stauden und Kräutern ist, desto mehr Vogelarten und -individuen kann er anlocken und beherbergen und somit auch Vogelfutterstellen finden und nutzen lassen. Aber es muss gar nicht unbedingt ein Garten sein – auch ein Balkon lässt sich mit üppig grünenden und blühenden Pflanzen wie Klematis, Bambus, verschiedenen

Eine einzige Kriechrose stellt nach zehn Jahren viele Raummeter Versteck und Nistplatz zur Verfügung und erfreut mit einem Blütenmeer.

Koniferen u. a. in Kästen und Kübeln sommers wie winters als vogelfreundliche Oase gestalten, ebenso natürlich ein Dachgarten, Garagen- oder Werkstattdach.

Im vogelfreundlichen Garten bleiben natürlich alle Stauden und Samen tragenden Kräuter, soweit sie nicht Wege versperren, bis ins Frühjahr hinein stehen. Da sie ihre Samen oft erst allmählich bis weit in den Frühling hinein ausstreuen, können sie noch von heimkehrenden Girlitzen, Stieglitzen oder Revier gründenden Sumpfmeisen genutzt werden, die sich häufig *wegen dieser Nahrungsquellen* in der Umgebung als Brutvögel niederlassen. Außerdem überwintern in stehen gelassenen Pflanzen viele Insekten und Spinnen, die Vögeln begehrte Nahrung liefern. Dasselbe gilt für Laubstreu und Laubhaufen, die ebenfalls bis ins Frühjahr verbleiben sollten, sowie für einen Komposthaufen, der in keinem vogelfreundlichen Garten fehlen sollte. Er bietet nicht nur bedeutsame Abfälle, wie z. B. Eierschalen zur Kalkaufnahme, sondern ist v. a. wegen seiner Dung- und Fruchtfliegen, Regenwürmer, Schnecken und sonstigen Bewohner beliebt.

Da Futterstellen viele Vögel veranlassen, möglichst in deren Nähe zu brüten, sollten reichlich Nistgelegenheiten, v. a. Nistkästen und -steine, zur Verfügung gestellt werden, so dass nicht etwa Nistplatzmangel potenzielle Brutvögel fernhält. Dabei sollte auch an Sperlings- und Starenbrutplätze im Hausdachbereich, an Halbhöhlen für Rotschwänze usw. gedacht werden.

Mit wenig Mühe lassen sich viele vorteilhafte Kleinstrukturen herstellen, wie z. B. Holzstöße oder Reisighaufen, in denen sich v. a. Zaunkönig, Rotkehlchen oder Bachstelze ansiedeln können, oder Steinhaufen und Natursteinmauern, die eine für viele Vögel wichtige Kleintierwelt beherbergen.

An Beerensträuchern und auf Obstbäumen lässt man einen Teil der Früchte hängen, die – auch noch als Fallobst – bis weit in den Winter hinein zur Verfügung stehen. Bei Schnee bieten freigeräumte Flächen im Garten vielen Vögeln Zugang zu allerlei Fressbarem einschließlich Magensteinchen für die Verdauung.

Wer es ermöglichen kann, sollte kletternde Pflanzen ansiedeln, wie v. a. Anemonenwaldrebe, Efeu, Kriechrose, Zaunrübe und andere. Sie bieten Vögeln eine ganze Reihe von Attraktionen: gute vor Katzen, Marder und Sperber geschützte Tagesaufenthalts-, Schlaf- und Nistplätze, günstiges Mikroklima, reiches Insektenvorkommen und v. a. die Efeu-Beeren als begehrtes Zusatzfutter vom Winter bis in den Sommer hinein![42] Weiterhin kann z. B. ein Wacholderstrauch im Garten weit und breit das einzige Brutpaar Hänflinge oder Klappergrasmücken beherbergen. Eintönig gewordene Wiesen, Böschungen, Gartenränder usw. lassen sich schnell mit für Vögel günstigen Pflanzen beleben, wie z. B. Buchweizen, Disteln, Flockenblumen, Knautien, Mädesüß, Skabiosen, Vogelknöterich, Wegerich, Wegwarte u. v. a. Und natürlich sollte in einem Vogelparadies die Anwendung von Chemikalien auf ein Minimum beschränkt bleiben.

Fazit und Ausblick

Vögel sind auf geradezu wundersame Weise in der Lage, selbst unter ganz extremen Bedingungen den Winter zu überstehen, für uns oft nahezu unvorstellbar. So überwintern sogar im Polarkreisgebiet kleine Arten wie Lapplandmeise oder Polarbirkenzeisig, obwohl dort die Temperatur bis zu –50 °C abfallen kann und die Tageslichtdauer im Mittwinter in Dämmerungsform nur wenige Stunden beträgt. Und in der Antarktis brüten Pinguine sogar bei Temperaturen um –50 °C ihre Eier aus. Aber auch in unseren Breiten ist es oft nahezu unfasslich, wie etwa ein Fink oder eine Meise Schneesturmnächte bei –25 °C zu überleben vermögen, in denen wir schon auf dem kurzen Weg vom Auto bis zur Haustür einen Kälteschock empfinden können.

Vögel sind aufgrund einer Reihe von speziellen Körper- und Verhaltensanpassungen Überwinterungskünstler. Einzigartiger Isolator gegen die Kälte ist das Gefieder. In der im Winter aufgeplusterten „Federkugel" werden die dachziegelartig-schuppenförmig übereinander greifenden Federn durch Muskeln so gestellt, dass zahllose Luftkammern entstehen, womit der Körper wie hinter Mehrfach-Fenstern 40 °C und mehr „heiß" gehalten werden kann. In diesem „Wärmeball" werden Beine und Füße so weit wie möglich eingezogen und beim Schlafen auch Gesicht und Schnabel hineingesteckt, die perfekte Isolationskugel. Es bleiben die Fußsohlen, die auch nachts eiskalte Ästchen umspannen oder bei vielen Wasservögeln auf dem blanken Eis aufliegen – und das scheint den Vögeln offenbar problemlos möglich zu sein, während uns schon ein kurzer Barfuß-Ausflug im Schnee unsägliche Schmerzen bereiten kann. Des Rätsels Lösung beim Vogelbein ist ein Temperaturgefälle vom Bauch bis zur Fußsohle von etwa 35 °C bis auf 0,5 °C, das durch ein so genanntes Wundernetz von Blutgefäßen gesteuert wird und an den Füßen einerseits gefährlichen Wärmeverlust und andererseits ein Festfrieren verhindert. Andere Überlebensmechanismen für die kalte Winterzeit sind: Das Schlafen in Gruppen, z. B. von Baumläufern, spart dem Einzelvogel bis zu etwa 20 % an Energie, ebenso das Nächtigen von Meisen oder Staren in Nisthöhlen oder von Hühnervögeln in Schneehöhlen. Die Anlage gewisser Fettdepots, wie wir sie v. a. bei Zugvögeln als „Treibstoffvorrat" kennen[46], erhöht bei Standvögeln zwar kaum die Isolation, aber die Chance, bei Nahrungsknappheit eventuell doch zu überleben.

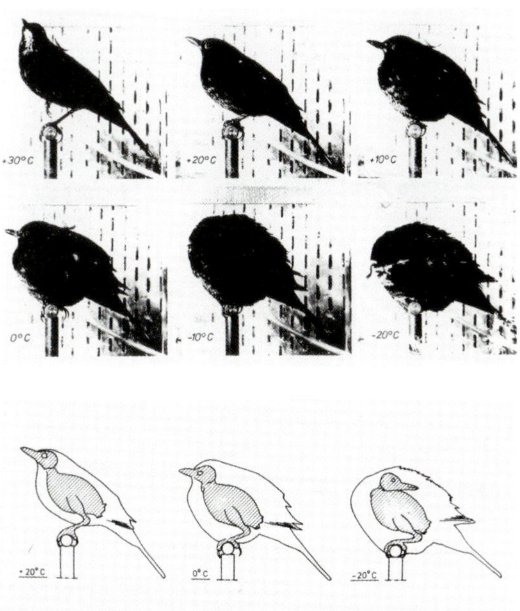

Mit abnehmender Umgebungstemperatur machen sich Amseln mehr und mehr kugelig (Fotos, oben); dabei „verschwinden" sie im Gefieder (Schema, unten).

Und damit sind wir wieder beim Thema Fütterung: Alle Winteranpassungen unserer Vögel funktionieren letztlich nur dann, wenn eine Grundvoraussetzung erfüllt ist – *es muss ausreichend Nahrung zur Verfügung stehen*. Wie sehr die Nahrung ausschlaggebend ist, zeigt die Tatsache, dass man selbst viele subtropische Vögel unter den bei uns typischen Winterbedingungen problemlos im Freien halten kann, wenn sie ausreichend ernährt werden. Oder unsere Weißstörche, die früher ausnahmslos nach Afrika gezogen sind, überwintern heutzutage in großer Zahl erfolgreich in Europa, wenn sie zumindest in strengen Winterperioden *gefüttert* werden.

Wir waren beim Zusammentragen der Daten für das vorliegende Buch selbst überrascht, wie viele *praktisch ausnahmslos positive Auswirkungen die Zufütterung im Winter und noch weit mehr die Ganzjahresfütterung auf unsere Vogelwelt hat*. Sie reichen von der Zunahme der Vogeldichte ums Haus, in Hof und Garten, im Wald und in der offenen Feldflur, dem Anstieg und der Neuansiedlung von Brutpopulationen über Verbesserung des Bruterfolgs vom frühen Legebeginn an, über gesteigerte Eiqualität, erhöhten Schlupf- und Ausfliegeerfolg bis hin zu wahrscheinlich

Immer wieder ein Augenschmaus: ein Trupp der grazilen Schwanzmeisen am Futterplatz – im Bild an einer der beliebten Fettrollen („Energiekuchen")

verbesserter Konstitution für das weitere Leben und das eigene Brüten. Die wenigen Einschränkungen, wie z. B. Gefahren durch mangelnde Hygiene oder Verabreichung von ungeeignetem Futter, lassen sich mühelos vermeiden und fallen insgesamt überhaupt nicht ins Gewicht. Wer also bei dem derzeitigen Wissensstand die Zufütterung von Vögeln weiterhin schlechtreden will, kann das eigentlich nur mit *hanebüchenen, an den Haaren herbeigezogenen Scheinargumenten* tun. Und die zu erkennen, dürfte nach der Lektüre dieses Buchs nun nicht mehr schwer fallen. Da die Scheinargumente gegen die Fütterung gottlob ohnehin nur bei relativ wenigen Zweiflern fruchten, sind bestimmte Gruppen von „Naturschützern" inzwischen auch mehr zum „direkten Angriff" übergegangen. So lesen wir z. B. unter www.luxnatur (30.11.2005): „Mehr spenden – weniger füttern ...!"
Fassen wir noch einmal die wichtigsten Gesichtspunkte über den Zustand unserer Vogelwelt und den Sinn des Fütterns kurz zusammen. Nach den Erhebungen der IUCN[74] sind derzeit etwa 2000 der weltweit rund 10 000 vorkommenden Vogelarten im Fortbestand bedroht; bei uns sind rund 50 % der Arten als mehr oder weniger gefährdet in den „Roten Listen" eingestuft. Weltweit weiten sich wie bei uns Bestandsrückgänge nach wie vor weiter aus und übertreffen Stabilisierungen von Beständen oder gar Umkehrungen zu Bestandszunahmen.[74] Dieser sich z. T. rapide beschleunigende Rückgang von Vögeln etwa in tropischen Regenwaldgebieten, aber auch in unseren intensiv betriebenen landwirtschaftlichen Nutzflächen wird sich in absehbarer Zeit weder durch „Biotopgestaltung", Renaturierungsmaßnahmen oder dergleichen aufhalten oder gar umkehren lassen. Er wird sich auch durch Zufütterung nicht generell beheben lassen. Da aber in unseren Breiten die Lebensraumverschlechterung auf Feldern, Wiesen, in Obstgärten, Weinbergen, Stadtparks, an Straßen- und Wegrändern und ganz besonders auch in unseren Hausgärten *auf sehr stark verminderter Nahrungsgrundlage* beruht, verursacht durch alle möglichen „Ausräumaktionen", vermag Zufütterung von Vögeln *sehr viel* zu helfen. Wenn wir es z. B. schaffen würden, in jeder kleineren Landgemeinde mehrere Ganzjahresfütterungen einzurichten, an denen sich jeweils aus der näheren und weiteren Umgebung Hunderte von Meisen, Ammern, Finkenvögeln, Drosseln, Staren, in Notzeiten auch (wie früher) Lerchen sowie kleinere Weichfresser wie Zaunkönig, Goldhähnchen u. v. a. teilweise mit ernähren könnten, würden unsere Vogelbestände insgesamt wieder deutlich ansteigen. Und ebenso ließen sich natürlich in größeren Gemeinden bis hin zu Großstadtbereichen mit entsprechend vielen Futterstellen bestimmte Vogelpopu-

Tipp **Öffentlicher Futterplatz**

Steht kein Hausgarten für eine Fütterungsanlage zur Verfügung, lässt sich sicher in den meisten Gemeinden an einem Feldgehölz, Waldrand o. Ä. ein Vogelschutzgarten anlegen, in dem Vögel mit Fütterungen, Tränken, Nistkästen u. a. versorgt werden können. Die meisten Gemeinden werden heutzutage dafür ein Grundstück zur Nutzung zur Verfügung stellen, das dann am besten von einer Gruppe von Vogelfreunden unterhalten werden sollte.
Ein Ansitz zum Beobachten und Fotografieren könnte zudem die Ausbildung Jugendlicher fördern und solchen kleinen „Vogelschutzgärten mit Fütterung" zu großer Bedeutung verhelfen.

lationen rasch wieder aufbauen. Und das würde sich auch „rechnen“. In einer sorgfältigen Studie von führenden Meisenforschern ist gezeigt worden: Schon drei Kohlmeisen-Brutpaare können mit ihren Bruten auf einem Hektar ökologisch betriebener Apfelbaumanlage 23–49 % der „Schädlings“-Raupen vertilgen![75] Nachdem wir gesehen haben, wie leicht sich Kohlmeisenbestände durch Zufütterung steigern lassen, eröffnen sich hier geradezu ungeahnte Möglichkeiten für den biologisch-dynamischen Obstbau und die Reduktion von Spritzmitteln.

Fazit

Lasst uns also Vögel zufüttern, wo immer es uns möglich ist – zumindest im gesamten Winterhalbjahr, viel besser rund ums Jahr (natürlich wie beschrieben in der Regel mit Ausnahme von Wasservögeln und von verwilderten Haustauben). Wir tun damit Vögeln *absolut nur Gutes* und leisten, je umfangreicher und intensiver wir füttern, einen umso wirkungsvolleren *Beitrag zum Vogelschutz*, im Einzelnen: *zum Erhalt stabiler Populationen häufiger Arten* (von denen wir zum Glück noch einige haben), aber auch zum *Erhalt und sogar zum Wiederaufbau von Populationen* (inzwischen) *weniger häufiger und stark abnehmender Arten* (wie z. B. Star, Haussperling, Stieglitz) und *damit insgesamt zum Erhalt der Artenvielfalt*.
Da viele von uns (einschließlich von uns beiden Autoren) ohnehin zu dick sind, muss die Vogelfütterung vielfach nicht einmal eine große finanzielle Belastung sein, wir können sie nämlich über eine Art *Diät* einrichten: etwas weniger für uns, etwas mehr für die Vögel – was beiden gut tut. Wenn wir uns dabei auch etwas von der Mentalität des Heiligen Franziskus zu Eigen machen, wird das Füttern nicht nur Freude bereiten, sondern auch ein gutes Gewissen, indem wir den an den Rand unserer „humanen Zivilisation“ gedrängten Mitgeschöpfen etwas von dem zurückgeben, was wir uns mit Raubbau und einem martialischen Einsatz von Energie, Dünger, Umweltgiften und anderem zunächst recht gewissenlos angeeignet haben. Und auf der Basis des vorliegenden Buchs kann man künftig nicht nur mit gutem *Ge*wissen, sondern auch mit bestem Sachwissen zu Werke gehen und alle möglichen eigennützigen Attacken gegen das Füttern leicht parieren.

Zur Vogelgrippe

Abschließend auch hier noch ein Wort zur Vogelgrippe. Es ist wahrscheinlich, dass aus den für uns nahezu unvorstellbaren Massengeflügelhaltungen Ostasiens Vogelgrippe auch künftig wieder zu uns vordringen wird. Das sollte uns von der Vogelfütterung jedoch nicht abhalten. Ohne unsere Massentierhaltungen kämen Epidemien wie die aggressive Vogelgrippe gar nicht zustande und würden dann auch nicht sekundär durch Übertragung Wildvögel schädigen, die dann wiederum wie krankes Hausgeflügel auch uns gefährden können. Vor diesem Hintergrund wäre es grob unbillig, durch Einstellen von Fütterungen unsere Wildvögel ausbaden zu lassen, was wir zunächst durch nicht artgemäße Tierhaltung verursacht haben. Das gilt umso mehr, als man sich vor der von Vögeln übertragbaren Grippe durch einfache Hygienemaßnahmen (Schutzhandschuhe, eventuell Mund- und Nasenschutz, danach gründliches Händewaschen) ausreichend schützen kann. Denken wir besser daran: Ein weitaus größeres Schreckgespenst als eine Vogelgrippewelle wäre ein Frühjahr ohne Vogelgesang – das würden viele von uns nicht ertragen.
Was wünschen sich die Autoren im Hinblick auf dieses Buch? Landauf, landab in Bälde Tausende und Abertausende von Ganzjahresfütterungen und eine rasch anwachsende Schar von glücklichen fütternden Vogelfreunden inmitten von vitalen und auch wieder zunehmenden Vogelbeständen.

Vorsicht!

Zum Schluss noch eine Warnung! Wer sich über Vogelfütterung und damit zusammenhängende Fragen weiter informieren möchte, sollte sich dazu solide Literatur – Bücher über die Biologie der Vögel, Originalartikel in wissenschaftlichen Zeitschriften usw. – besorgen oder den ausgewiesenen Fachmann fragen und das Internet meiden. Geht man durch die Tausenden von „Richtlinien“ usw., begegnet man einem Wust von zwar teils Richtigem, aber teils absolut Falschem, Irreführendem usw. in bunter Mischung, sodass es wiederum nur für Fachleute möglich ist, dabei Weizen in der vielen Spreu zu finden.

Weitere Aspekte für die Zukunft

Die wahrhaften Vogelfreunde haben in punkto Zufütterung und damit bei der Soforthilfe für viele Vögel in den letzten eineinhalb Jahren dank unserer gemeinsamen Kampagne erfreulicherweise viel Terrain zurückerobert. Auch einige Naturschutzverbände haben inzwischen „eine halbe Wendung vollzogen" – aber es bleibt noch viel zu tun. Zwar wird von den Verbänden die Winterfütterung wieder mehr toleriert („Wer füttern will, darf das gerne tun" – S. 17), aber um die Ganzjahresfütterung steht es bei uns im Gegensatz zu England immer noch schlecht. „Der NABU lehnt eine Ganzjahresfütterung wild lebender Vögel ab", heißt es in „Naturschutz heute" (2007/2: 40), denn „Die Natur ist kein Freiluft-Zoo". Gemeint ist wohl ein „Freiland-Zoo" – aber den haben wir sozusagen ohnehin, nur haben wir ihm in den letzten Jahrzehnten weitgehend das Tierfutter entzogen. Denn: Von den ursprünglichen v. a. waldbewohnenden Tiergemeinschaften ist so gut wie nichts übrig geblieben. Zudem haben wir in unsere Kulturlandschaft mit Monokulturen von Pflanzen aus aller Welt eine völlig neuartige Begleitflora und -fauna eingebracht – fast wie in einem Zoo.[t] Während die bis in die 1950er-Jahre tolerierten „Unkräuter" und die

[t] Eine Übersicht dazu gibt es in: Berthold 1990: Die Vogelwelt Mitteleuropas ..., Verh. Dtsch. Zool. Ges. 83: 227

Viele Arten wie Blaumeisen müssen in der Brutzeit mit der Aufzucht der Jungen die härteste Arbeit im Jahr leisten – dafür ist auch im Sommerhalbjahr der Meisenknödel der beste Energiespender.

Der Grünling ist zwar ein „Allerweltsvogel", aber ohne Zufütterung würde auch er sich schwertun.

noch Samen produzierenden Wiesenpflanzen nach vorsichtigen Berechnungen (Grundlage sind angenommene 5 % der derzeitigen jährlichen Weizenernte von ca. 20 Mio. t, Statist. Jb. 2007) noch mindestens 1 Mio. t Samen pro Jahr in unsere Landschaft brachten, ist heute davon fast nichts mehr übrig, ebenso von den auf und von den Kräutern lebenden Insekten. Auch wenn heute in Europa und den USA jährlich etwa 2,8 Milliarden Euro für Wildvogelfutter ausgegeben werden (entsprechend ca. 500 000 t Futter[u]), ist das bei der riesigen Landfläche natürlich nur ein Bruchteil dessen, was früher verfügbar war. Also – es bleibt dabei: Ganzjahresfütterung ist eine Art bescheidene ökologische Ausgleichszahlung für den egoistischen Raubbau, den wir in der Natur betreiben. Dies gilt, auch wenn sich diesem Argument gewisse „Pharisäer" immer wieder emotional entgegenstellen, z. B. mit dem Argument: Fütterung rund ums Jahr habe auch in England einen Artenrückgang nicht verhindert und sei ja dann wohl nutzlos. Wenn schon konsequent: Auch alle unsere Naturschutzverbände haben den Artenrückgang nicht unterbunden – sind sie damit auch entbehrlich? Interessierte können unsere Meinung dazu nachlesen in Berthold et al. 1986[7].

[u] Robb 2008, s. S. 23

Anmerkungen zum Weißstorch

2007 verursachte in Süddeutschland ein „Wettersturz" ein „Massensterben" von Jungstörchen, für das u. a. „Unterversorgung mit Futter" erkannt wurde[v]. Aber auch im Normalfall leiden Störche heutzutage zweifellos vielerorts unter Nahrungsman-

[v] Ziemer 2008, Jahresh. LBV Unterallgäu 14

Um die Population langfristig zu stabilisieren, sollten Weißstörche jährlich im Mittel etwa drei Junge aufziehen – das ist ohne Zufütterung vielfach nicht mehr möglich. Heute beläuft sich der durchschnittliche Nachwuchs oft nur auf ein oder zwei Jungvögel.

Obwohl ein Aasfresser, ist der Gänsegeier ein bildschöner Vogel. Durch das Anlegen geeigneter Futterplätze besteht Hoffnung, dass er auch in Deutschland wieder Brutvogel werden könnte.

gel, was ihren Rückgang beschleunigte und sich in deutlicher Abnahme des Bruterfolgs niederschlägt: So gab es in Süddeutschland bei stabiler Population bis zum Jahr 1959 2,8 flügge Junge pro Brutpaar, danach im Jahr 1979 wurden nur 2,3 flügge Junge pro Brutpaar registriert[w], und heute sind es gerade noch ca. 1,6[x]. Diese geringe Zahl an Nachkommen kann den Bestand nicht erhalten. Bei guter Zufütterung kamen in unserem Institut hingegen meist drei bis fünf kräftige Junge zum Ausfliegen.

Fazit: Wer heutzutage mit Kunsthorsten Störche in nahrungsarme Gebiete lockt und sich dann nicht um ausreichende Versorgung der Vögel kümmert, verstößt gegen das Tierschutzgesetz.

[w] Bairlein 1979, J. Ornithol. 120:1
[x] Reinhard 2007, Vogelwarte 45:81

Wie geht es weiter?

Nun – die Ganzjahresfütterung wird ihren Weg finden, auch wenn er manchmal etwas holprig ist. So wird demnächst für Osteuropa sogar eine polnische Übersetzung des vorliegenden Ratgebers verfügbar sein. Für alle, die mitfüttern, ergeben sich neben dem guten Gefühl, gefährdeten Tieren zu helfen, auch ständig spannende „Abenteuer". Es ist schon ein großartiges Erlebnis zu sehen, wie aus zunächst wenigen Futterstellenbesuchern über die Jahre Hunderte oder gar Tausende werden. Dann bleiben natürlich atemberaubende Beobachtungen nicht aus, wenn irgendwann z. B. ganz überraschend ein Mittel- oder Schwarzspecht auftaucht, oder gar ein Kranich (S. 90), eine Kappenammer (S. 24) oder auch, wie früher gar nicht selten, ein Auerhahn. Mit entsprechenden Futterplätzen lassen sich im Laufe der Zeit vielleicht auch wieder Gänsegeier (S. 58) im Donautal ansiedeln, wo sie früher in der Zeit der intensiven Schafhaltung gebrütet haben. Derartig unvergessliche Erlebnisse lohnen nahezu jeden Aufwand.

Früher z. B. im Schwarzwald gar nicht selten, heute nur noch an wenigen Stellen in Deutschland möglich: ein Auerhahn, der an einer Bodenfutterstelle auftaucht und den Atem stocken lässt

Die Futterstellen-besucher

Bei uns besuchen rund 100 Vogelarten regelmäßig, gelegentlich oder auch vereinzelt bis ausnahmsweise die Vogelfutterstellen. Um einen Vogel sicher bestimmen zu können, reicht für die meisten Arten ein Merkmal, das im Text *kursiv* hervorgehoben ist. Reicht ein Merkmal nicht oder kaum aus, wird die einfachste Merkmalkombination genannt, die eine sichere Artbestimmung ermöglicht. Dabei werden durchweg *sichtbare* Merkmale verwendet und nicht etwa Rufe oder Gesang, da Vögel zumindest an der Winterfütterung zum einen meist recht stumm und zum anderen durch Fensterscheiben hindurch kaum zu hören sind. Zeichnen sich Arten durch ganz besondere Verhaltensmerkmale aus, werden auch sie z. T. mit aufgeführt. Für die einzelnen Artengruppen, vielfach auch für einzelne Arten, werden wesentliche bevorzugte Futtermittel und – wenn erforderlich – auch deren Darbietung vorgestellt.
Die Reihenfolge der Arten beginnt mit häufigen typischen Futterstellenbesuchern und führt über weniger oft erscheinende Vögel bis hin zu Seltenheiten. Bei der Behandlung häufiger oder wichtiger Arten werden mit ihnen verwandte Formen ebenfalls gleich mit beschrieben.

Kohlmeise
Parus major

In Deutschland die vierthäufigste Vogelart, die praktisch in jedem Ort vorkommt; an vielen Futterstellen die dominierende Art. Unsere größte Meise – eindeutig durch die *gelbe Unterseite mit deutlich schwarzem Bauchstreif* (besonders breit beim Männchen).

Blaumeise
Parus caeruleus

Wie alle übrigen Meisen deutlich kleiner als die Kohlmeise, eindeutig bestimmbar an der *blauen Kappe* und gelblichen Unterseite *ohne deutlichen Bauchstreif*. Als etwa fünfthäufigste Vogelart in Deutschland oft an Futterstellen. Als geschickter Zweigspitzenkletterer hängt sie gern an Meisenknödeln mit dem Rücken nach unten an.

Sumpfmeise
Parus palustris

Eine unserer beiden Graumeisen, *graubraun, ohne Gelb und Blau,* mit *glänzend schwarzer Kappe* und kleinem Lätzchen. Sie nimmt an der Futterstelle nicht, wie die Kohl- und Blaumeise, jeweils nur ein Samenkörnchen mit, sondern reiht oft 3–4 Hanfkörner im Schnabel, die sie dann als Wintervorrat in Ritzen, Rindenspalten usw. versteckt. Wie das Foto zeigt, lässt sich die Sumpfmeise zum Futterholen auch auf die Hand gewöhnen – so wie auch andere Meisenarten, Rotkehlchen und andere.

Die Zwillingsart der Sumpfmeise, die **Weidenmeise** *(P. montanus)*, unterscheidet sich von ihr durch eine *mattschwarze Kappe* und durch einen schmalen, *hellen Flügelfleck*.

Meisen

Eine Gruppe kleinerer, sehr lebendiger Vögel, die fast immer auf Nahrungssuche in Bewegung sind, bei uns mit neun Arten vertreten. Sie kommen in allen Lebensräumen vor, die unsere Landschaften bieten – vom Bergwald bis in Sumpfgebiete der Niederungen, wobei sie an Bäume, Sträucher oder Schilfbestände gebunden sind. Sieben Arten leben ständig in unseren Ortschaften oder kommen zumindest z. T. auch dort vor und werden hier näher vorgestellt. Meisen sind Allesfresser, die Sonnenblumenkerne und andere Sämereien (im Winter) sowie Fettfuttermischungen und Erdnüsse (ganzjährig) bevorzugen. Kohl-, Blau- und Sumpfmeise besuchen Futterstellen regelmäßig (bei uns meist mit abnehmender Häufigkeit in der genannten Reihenfolge), gefolgt von der Tannenmeise, wenn ein Zugang über Nadelbäume möglich ist, und der Haubenmeise, die neuerdings z. T. auch in Ortschaften einwandert. Kommt die Schwanzmeise im Gebiet vor, lässt sie sich v. a. mit hochwertigen Fett-Weichfuttermischungen an Futterstellen gewöhnen, die Weidenmeise insbesondere an Futterplätze (mit Sämereien) in der Nähe ihrer speziellen Lebensräume, nämlich Feuchtgebiete.

Tannenmeise
Parus ater

Diese kleine, *graugrüne* Meise ist unverwechselbar durch ihren *weißen Nackenfleck*. Auch sie nimmt von Futterstellen Samen mit, die sie jedoch im Außenbereich dichter Nadelbaumzweige versteckt, wo fast nur sie später wieder nach Nahrung sucht. Sie überrascht an Futterstellen oft durch ihre sehr kurze Fluchtdistanz. Aufgrund ihrer geringen Scheu lässt sie sich beispielsweise in waldnahen Parks zum Futterholen leicht auf die Hand gewöhnen. In Großbritannien erscheint sie an Fütterungen in Trupps von mehr als zehn Individuen und gehört damit zu den zwölf häufigsten Futterstellenbesuchern.

Haubenmeise
Parus cristatus

Eine graubraune Meise mit hervorstechender schwarz-weiß gemusterter *Haube* über dem schwarz umrahmten Gesichtsfeld. Lässt sich wie die Schwanzmeise mit Fettfuttermischungen anlocken, die man in Glocken u. a. in Zweige hängt, in Baumrinde streicht, usw. Auch sie versteckt Samen ähnlich wie die Sumpfmeise in Rindenspalten.

Schwanzmeise
Aegithalos caudatus

Diese zierliche, schwarz-weiße Meise mit *rötlichem Anflug* an Flanken, Bauch und Oberseite besitzt einen unverwechselbar *langen Schwanz* und wirkt wie ein „Federbällchen mit Stiel" (daher im Volksmund „Pfannenstielchen"). Anlocken siehe Haubenmeise.

Sommergoldhähnchen
Regulus ignicapilla
Ein winziger, grünlicher Vogel mit *gelb-orangefarbenem Scheitel*, Flügelbinden und *schwarzen und weißen Augenstreifen*. Einige dieser „Vogelzwerge" überwintern zunehmend bei uns, v. a. in Südwestdeutschland.

Wintergoldhähnchen
Regulus regulus
Wie das Sommergoldhähnchen, aber mit nur *einem schwarzen Überaugenstreif* und *rein gelbem Scheitel*. Häufig bei uns überwinternd, dazu Zuzug weiterer Vögel aus Nordosteuropa, sodass regelmäßiger Futterstellenbesuch den ganzen Winter hindurch möglich ist.

Goldhähnchen

Die kleinsten europäischen Vogelarten – nur knapp 10 cm lange und reichlich 5 g leichte Winzlinge, die durch ihre meist rastlosen Bewegungen an Meisen und Laubsänger erinnern. Es sind Weichfutterfresser, die auch an Futterstellen kommen, wenn hochwertige Fettfuttermischungen zur Verfügung stehen. Am liebsten nehmen sie kleine Partikel auf, die sie z. B. von Zweigen unter Fettglocken oder Meisenknödeln aufpicken. Zum Anlocken kann man Fettfuttermischungen in Zweige oder Baumrinde o. Ä. streichen. Die stärker an Nadelbäume gebundenen Wintergoldhähnchen besuchen fast nur Futterstellen in Nadelwaldnähe, Sommergoldhähnchen auch solche in der Nähe von niedrigerer Vegetation, wie z. B. in gebüschreichen Hausgärten.

Finkenvögel

Eine artenreiche Gruppe von ausgeprägten Körnerfressern, die allerdings in der Brutzeit auch regelmäßig viel tierische Nahrung (Insekten, Spinnen usw.) aufnehmen und verfüttern. Artspezifische Futtermittel werden bei den einzelnen Arten genannt. Neben den vorgestellten Arten können zumindest in bestimmten Regionen gelegentlich weitere Finkenvogelarten an Futterstellen auftauchen, von denen noch vier erwähnt seien.
Der ***Birkenzeisig*** *(*Carduelis flammea), *selten, aber im ganzen Land umherstreifend, ähnelt mit roter Stirn dem Hänfling, besitzt aber ein* schwarzes Kinn. *Der in Asien überwinternde* ***Karmingimpel*** (Carpodacus erythrinus) *kann ebenfalls im ganzen Land auftauchen, an Futterstellen v. a. im Herbst und Frühjahr, und das* leuchtend rote *Männchen erscheint wie ein kleiner Kreuzschnabel, jedoch mit hänflingartigem kurzen Schnabel. Im Schwarzwald und im Alpenbereich kann der* ***Zitronenzeisig*** (Carduelis citrinella) *in Siedlungen erscheinen, z. B. an Gasthaustischen auf Freiterrassen, usw. Er sieht aus wie ein kleiner Grünling, besitzt aber* zwei mattgrüne Flügelbinden. *Im Alpenbereich kann der* ***Schneefink*** (Montifringilla nivalis*) Futterstellen im Bereich von Gebäuden besuchen – er ist unverwechselbar durch* große weiße Flügelfelder *und sein* schwarzes Kinn.

Grünling
Carduelis chloris

In Deutschland etwa die zehnthäufigste Vogelart und an vielen Futterstellen der dominierende Finkenvogel oder auch Besucher überhaupt. Er wird auch Grünfink genannt. *Matt bis leuchtend gelbgrün*, mit mehr oder weniger *gelben Flügel- und Schwanzabzeichen*. Verzehrt vorwiegend große und kleinere Sämereien sowie Fettfutter. Im Foto auf einem Meisenknödel, die bei der Ganzjahresfütterung auch im Sommer sehr beliebt sind.

Zeisig
Carduelis spinus

Einer unserer kleinsten Finkenvögel, *gelbgrün*, mit Flügelbinden, *schwarzem Scheitel und Kinn* (Männchen) und *Gelb am Schwanz* (von der Schwanzwurzel her). Weibchen ohne Schwarz am Kopf und mit gestreifter Brust. Vorzugsweise an Meisenknödeln, Fettfutterglocken, nimmt aber auch lose, v. a. kleinere Sämereien auf.

Girlitz
Serinus serinus

Er ist dem Zeisig sehr ähnlich, hat aber ein kurzes *gedrungenes* Schnäbelchen, nicht länglich-pfriemförmig wie beim Zeisig, *kein* Gelb am Schwanz, aber *gelber Bürzel*. Bevorzugt kleine und kleinste Sämereien (Waldvogel-, Kanarienfutter).

Buchfink
Fringilla coelebs

Sperlingsgroßer, bunter Fink, mit *doppelter weißer Flügelbinde*, Männchen mit *blau*grauem, Weibchen mit *grauem Scheitel*. Obwohl in Deutschland die zweithäufigste Vogelart, tritt er an Futterstellen meist nur in geringer Zahl auf. Nimmt vorzugsweise kleinere Sämereien, Haferflocken, usw. vom Boden auf, geht wenig in überdachte Futterhäuser.

Bergfink
Fringilla montifringilla

Ähnlich dem Buchfink, aber *weißer* (nicht grüner) *Bürzel* und *orangefarbene Schultern*. Kommt im Gegensatz zum Buchfink oft scharenweise auch ins Futterhaus. Mit einem kräftigeren Schnabel ausgestattet als der Buchfink verzehrt der Bergfink auch gern größere Samen wie beispielsweise Sonnenblumenkerne.

Kernbeißer *Coccothraustes coccothraustes*

Ein bullig wirkender Finkenvogel mit großem, *dreieckigem Schnabel*, *hellen Flügelfeldern* und *kurzem Schwanz*. Dieser Nahrungsspezialist für steinharte Hainbuchensamen frisst am Futterplatz bevorzugt Sonnenblumenkerne. Hainbuchen im Vogelgarten sind, wenn sie fruchten, das beste Anlockmittel für Kernbeißer.

Stieglitz
Carduelis carduelis

Als schwarz-weiß-rot und gelb gefärbter Vogel ist der kleckskuchenbunte „Distelfink" unverkennbar. Hauptkennzeichen sind das *rote Gesicht* und das *breite gelbe Flügelband*. Mit Geduld und Fürsorge in Scharen von bis zu etwa 50 Individuen an Futterplätze zu locken, wie die jahrzehntelangen Erfahrungen in Großbritannien zeigen. Benötigt kleine Sämereien wie Waldvogel- oder Stieglitzfutter beispielsweise, in Großbritannien besucht er ganz überwiegend Futtersilos mit Ramtill (Nigersaat).

Hänfling
Carduelis cannabina

Mittelgroßer, lebhafter, inzwischen vielerorts selten gewordener Finkenvogel mit *roter Stirn und Brust* (Männchen, Weibchen ohne Rot), der als Teilzieher weit umherstreift und v. a. im Früh- und ab dem Spätwinter an Bodenfütterungen erscheinen kann. Er bevorzugt kleine Sämereien.

Gimpel
Pyrrhula pyrrhula

Der große, rundliche „Dompfaff" mit kurzem, dickem Schnabel, *schwarzer Kappe* und *weißem Bürzel* hat entweder eine *karminrote Brust* (Männchen, links) oder eine *bräunlich graue Brust* (Weibchen, rechts). Er verzehrt v. a. größere und kleinere Sämereien und ist gut anzulocken mit den lackroten Beeren des Schneeballs, dessen Samen er gern frisst.

Berghänfling
Carduelis flavirostris

Dieser v. a. in Norwegen brütende Hänfling überwintert bei uns in den Küstenregionen Norddeutschlands und tritt in Scharen auf. Er ist *gelbbraun* gefärbt sowie *schwarz gestreift* und besitzt im Winter einen *gelben Schnabel*. Im Gegensatz zum Hänfling ohne Rot an Stirn und Brust, aber das Männchen mit rötlichem Bürzel. Er verzehrt v. a. gerne kleinere Sämereien, die am Boden angeboten werden sollen.

Fichtenkreuzschnabel
Loxia curvirostra

Hauptmerkmal ist – wie der Name besagt – der *gekreuzte Schnabel* (zum Öffnen von Zapfen, v. a. zum Erreichen von Fichtensamen, seiner Hauptnahrung). Männchen variabel von *scharlach- über mattrot bis gelb- oder graugrün*, Weibchen *olivgrau*. Kommt als extremer Nahrungsspezialist zwar relativ selten an Futterstellen, aber häufig an Hauswände, Mauern etc., um dort aus Verputz, zerfallenden Steinen usw. Kalk aufzunehmen.

Zaunkönige

Von dieser Gruppe äußerst lebhafter Vögel, die sich mit ihren kräftigen Beinen und Füßen viel am Boden aufhalten, leben in Nordamerika neun verschiedene Arten, bei uns kommt nur der gewöhnliche Zaunkönig vor.

Zaunkönig
Troglodytes troglodytes

Ein ausgesprochener Winzling – gerade mal rund 10 g „schwer“ –, der oft wie eine Maus bodennahes Gestrüpp, Wurzelwerk u. Ä. durchstöbert und dabei häufig sein kurzes Schwänzchen stelzt. Er ist *braun*, wirkt rundlich und hat einen relativ *langen, leicht bogenförmigen Schnabel*. Zaunkönigbestände gehen in strengen Wintern oft sehr stark und großräumig zurück. In solch strengen Wintern kann der Zaunkönig von Futterstellen profitieren, an die er sich mit Fett- und Weichfutter, lebenden Mehlwürmern u. a. gewöhnen lässt. Dabei sollte man ihm spezielle Futterplätze einrichten (s. S. 34), da er nur ungern die Deckung verlässt, um etwa sehr frei stehende Futterhäuser anzufliegen.

Sperlinge und Braunellen

Unsere beiden Sperlingsarten – der große kräftige Haussperling (ca. 30 g) und der kleinere, zierlicher wirkende Feldsperling (ca. 24 g) – unterscheiden sich nicht nur in Lebensraum, Nistplatzwahl, Verhalten usw., sondern v. a. auch in der Nahrung. Während Haussperlinge häufig größere Sämereien und Getreidekörner fressen, hält sich der Feldsperling mit seinem weniger kräftigen Schnabel mehr an kleinere Sämereien und an Fettfutter. Von den Braunellen wird hier die Heckenbraunelle mit vorgestellt, weil sie so sperlingsähnlich aussieht und oft für einen Spatzen gehalten wird. Wegen dieser Ähnlichkeit trägt sie in Großbritannien auch den Namen „Heckensperling".

Haussperling
Passer domesticus

Graubrauner „Spatz" mit braun-schwarz-weiß gemusterten Flügeln, Männchen mit *grauem Scheitel* und *schwarzem Kehl-Brustlatz* – bis vor einiger Zeit die dritthäufigste Vogelart in Deutschland, jetzt wohl eher etwa auf Platz 5.

Heckenbraunelle
Prunella modularis

Mehr *bläulich* graue *Brust* als die Sperlinge und als Hauptmerkmal *dünner, pfriemförmiger Weichfresserschnabel*. Sie kommt häufig an Futterstellen, v. a. auch im Spätwinter, wenn sie als Teilzieher aus dem mehr oder weniger weit entferntem Winterquartier zurückkehrt, meist einzeln oder in kleinen Gruppen. In Großbritannien gehört sie zu den zwölf häufigsten Futterstellenbesuchern. Bevorzugte Nahrung sind kleine Sämereien, Haferflocken, Weichfutter mit Insekten oder auch auf den Boden gefallene Partikel von Fettfutter.

Im alpinen Bereich kann auch die deutlich größere **Alpenbraunelle** *(Prunella collaris)* an Futterstellen auftauchen, die durch eine *gefleckte weiße Kehle* und *rostbraune Flankenstreifen* gekennzeichnet ist.

Feldsperling
Passer montanus

Beide Geschlechter mit *schokoladebraunem Scheitel* und *schwarzem Wangenfleck*, der etwas an Ohrenschützer erinnert. Hängt sich oft an Fettknödel – der Hausspatz bearbeitet sie mehr von seitlichem Sitzen aus.

Goldammer
Emberiza citrinella

Lang gestreckt wirkender Sperlingsvogel, insgesamt *gelblich, v. a. im Kopfbereich*, weiterhin *rotbrauner Bürzel*, manche Männchen prächtig leuchtend *goldgelb* wie Kanarienvögel.

Besucht vor allem Bodenfutterstellen, wie beispielsweise Fasanenschütten, an die man sie mit geeigneter Nahrung teilweise zu Hunderten gewöhnen kann: mit Hafer und Haferflocken, daneben auch kleineren Sämereien.

Rohrammer
Emberiza schoeniclus

Wirkt wie ein Sperling mit *schwarzem Kopf* und *schwarzer Kehle* sowie *weißem Hals- und Bartstreif* (Männchen, „Rohrspatz"; Weibchen schlichter, v. a. braungrau gestreift). In Großbritannien recht regelmäßiger Futterstellenbesucher (selbst nach Bestandsrückgang 2001 noch an 8 % der kontrollierten Futterplätze), bei uns eher selten. Am ehesten taucht sie in der Nähe von Feuchtgebieten und auf dem Durchzug, und zwar an Bodenschütten auf der Suche nach kleinen Sämereien auf.

Ammern

Von dieser artenreichen Gruppe z. T. sehr bunt gefärbter Vögel ist in Deutschland nur einer ein typischer regelmäßiger Futterstellenbesucher – die Goldammer. Andere Arten tauchen nur gelegentlich bis sehr selten auf, sodass hier nur fünf Arten aufgeführt werden.
Die früher in unseren Feldfluren häufige ***Grauammer*** (Emberiza calandra) *besuchte auch regelmäßig Bodenfutterstellen, vorzugsweise in der offenen Landschaft. Wo noch Restbestände vorhanden sind, ließen sie sich nach Erfahrungen in Großbritannien durch Zufütterung u. U. wieder zu lokal stabilen Populationen aufbauen.*[53] *Die* auffallend große *Grauammer wirkt wie ein sehr großer Sperling mit* bräunlichem, dunkel gestreiftem Gefieder *und* kurzem, kräftigem Schnabel. *Ebenfalls an Bodenfütterungen v. a. im norddeutschen Bereich kann sich gelegentlich die* ***Schneeammer*** (Calcarius nivalis) *einstellen, die* überwiegend weiß *(Männchen) oder* sehr hell *(Weibchen) erscheint, und ebenso die* ***Spornammer*** (Calcarius lapponicus), *die der Rohrammer ähnelt, aber im Winterkleid einen wie* schmutzig wirkenden Brustfleck *und* rostbraunen Nacken *besitzt.*

Spechte

Etwa sperlingsgroße (Kleinspecht) bis krähengroße (Schwarzspecht) Vögel mit schwarzem, schwarz-weißem oder grünlichem Gefieder, vielfach roten Abzeichen und allesamt mit dem typischen langen Spechtschnabel. Von den neun bei uns vorkommenden Arten besucht der Buntspecht ganz regelmäßig Futterstellen (gehört in Großbritannien in die Liste der Top 12[34]), fünf weitere Arten erscheinen dort je nach Lokalität und Gewöhnung in stark wechselndem Umfang. Die sechs bislang bei uns an Futterplätzen beobachteten Arten werden hier vorgestellt.

Buntspecht
Dendrocopos major

Etwa amselgroßer, schwarz-weißer Specht, mit *großen weißen Schulterflecken* und *schwarzem Scheitel* sowie *roten Unterschwanzdecken*. Das Männchen besitzt zudem einen *roten Nackenfleck*. Die an Ganzjahresfutterstellen nach dem Flüggewerden häufig erscheinenden Jungvögel besitzen bis zur Jugendmauser im Sommer einen vollständig roten Scheitel.
Der Buntspecht liebt Fettfutter und hängt sich z. B. an Meisenknödel gern mit dem Rücken nach unten an, um aus dieser Stellung zu hacken und zu picken. Er verzehrt auch gern Nüsse aller Art sowie Sonnenblumenkerne, was einem Teil seiner natürlichen Winternahrung entspricht: Nadelbaumsamen. Kiefernzapfen bearbeitet er dazu in einer so genannten „Spechtschmiede" – beispielsweise einer Astmulde, unter der man ganze Haufen bearbeiteter Zapfen finden kann.
In Österreich dürfte auch der dort brütende, sehr ähnliche **Blutspecht** *(Dendrocopos syriacus)* Futterstellen besuchen, nachdem diese Art, Beobachtungen zufolge, sich in Israel anfüttern ließ.

Kleinspecht
Dryobates minor

Dieser nur sperlingsgroße, kleinste heimische Specht ist schon durch seine geringe Größe unverwechselbar. Er ähnelt dem Buntspecht, aber sein Rücken ist schwarz-weiß *gebändert*, und das Männchen hat einen *roten Scheitel*. Diese relativ seltene Art erscheint natürlich nicht oft an Futterstellen, lässt sich aber gut an Fettfutter gewöhnen.

Dasselbe gilt für den fast buntspechtgroßen seltenen **Mittelspecht** *(Dendrocopos medius)*, der hauptsächlich Eichenwälder bewohnt. Er besitzt eine *rote Kappe* wie der junge Buntspecht, die jedoch *nicht schwarz gesäumt* ist. Auch er lässt sich dort, wo er vorkommt, gut an Fettfutterglocken gewöhnen, die zunächst zum Kennenlernen an Baumstämme gehängt werden sollten.[8]

Grauspecht
Picus canus

Ein Fettfutter-Liebhaber wie der Mittelspecht, der leider zurzeit im Bestand stark zurückgeht und damit auch an Futterstellen seltener wird. Etwas größer als der Buntspecht, oberseits *graugrün*, mit *schwarzem Bartstreif*, das Männchen mit *roter Stirn*.

Grünspecht
Picus viridis

Unser häufigster und größter grüner Specht, deutlich größer als der Grau- und etwa um die Hälfte größer als der Buntspecht. Wirkt im Gegensatz zum Grauspecht oberseits richtig *grün*, mit *leuchtend gelbgrünem Bürzel* und *rotem Scheitel*, beim Männchen auch Rot im breiten Bartstreif. Von diesem Nahrungsspezialisten auf Wiesenameisen, die er mit seiner rund 10 cm herausstreckbaren Zunge aus den Bauten holt, wurde oft angenommen, er besuche gar keine Futterstellen.[8] Aber er wurde in Deutschland am Futterplatz beobachtet,[40] wo er über Äpfel auf dem Rasen an Fettfutter und Sämereien gewöhnt werden konnte.[28]

Schwarzspecht
Dryocopus martius

Zwar sehr selten, aber immer wieder da und dort taucht er an einer Futterstelle auf, v. a. wenn sie sich nahe am Wald befindet, in dem dieser Specht fast ausschließlich lebt. Er ist durch sein Aussehen wie eine „Krähe mit *roter Kopfkappe*", mächtigem Schnabel und hell hervorstechenden Augen unverkennbar. Auch er liebt Fettfutter, z. B. Meisenknödel, die er im Handumdrehen zerfleddern kann (sodass dann kleinere Arten bis hin zu Goldhähnchen von den heruntergefallenen Krümeln profitieren können).

Drosseln

Etwa starengroße, kräftige Vögel mit langem Schwanz, die einen Großteil ihrer Nahrung vom Boden aufnehmen, wie z. B. Regenwürmer. Alle sechs bei uns regelmäßig vorkommenden Arten besuchen, je nach Verbreitung, zumindest Bodenfutterstellen und – bei entsprechender Gewöhnung – z. T. auch sehr häufig Futterhäuser.

Amsel
Turdus merula

Diese in Deutschland häufigste Vogelart kennt fast jedermann, zumal die sehr gut an das Zusammenleben mit dem Menschen angepassten „Stadtamseln" bis ins Innerste unserer Großstädte vorgedrungen sind. Auch in entlegenen und weitgehend menschenleeren Gebieten leben Amseln, die scheueren „Waldamseln". Unverkennbar ist das alte Männchen – *kohlschwarz* mit *gelbem Schnabel und Augenring*. Die mehr braun gefärbten, einjährigen Männchen und v. a. die Weibchen mit gefleckter Kehle und Brust werden gelegentlich auch mit anderen Drosseln verwechselt. Amseln sind robuste Allesfresser, die an Futterstellen gern Haferflocken, Nussbruch, Fettfutter (Meisenknödel!), aber auch Samen und selbst ganze Sonnenblumen- und Maiskörner verschlucken. Zudem sind sie begierig auf Obst (Apfelstücke) als Zusatzfutter. Sie kommen oft zuhauf an Bodenfutterstellen, zwängen sich aber selbst in kleinste Futterhäuser, die sie oft durch seitliche Schnabelbewegungen auf der Suche nach verdeckten Leckerbissen „ausräumen", was anderen Bodenbesuchern wie Finken zugute kommt.

Misteldrossel
Turdus viscivorus

Diese *größte* heimische Drossel (im Foto zusammen mit einem Star, der klein gegen sie erscheint) wirkt wie eine riesige Singdrossel, ist aber oberseits *grau* und trägt unterseits nicht längliche, sondern *fast kreisrunde* Flecken. Sie kommt v. a. dort vor, wo sie als Teilzieher im Brutgebiet überwintert und bis in Ortschaften siedelt (Großbritannien, norddeutsches Tiefland), auch an Futterstellen, und frisst gern Weichfutter.

Wacholderdrossel
Turdus pilaris

Unsere *bunteste* Drossel, leicht kenntlich an *grauem Kopf und Bürzel* mit *rotbraunem Rücken*. Sie kommt ähnlich wie der Seidenschwanz im Winter großenteils mit Beeren (auch Hagebutten – also lange hängen lassen, Rosen nicht vor dem Frühjahr zurückschneiden) und Obst zurecht und geht an Bodenfutterstellen fast immer an Apfelstücke, die sie oft verteidigt. Sie braucht aber auch nährstoffreiche Nahrung. Wenn diese in der freien Natur nicht verfügbar ist, nimmt sie an den Futterstellen gern Haferflocken und Nussbruch, jedoch kaum Fettfutter.

Ringdrossel
Turdus torquatus

Die der Amsel sehr ähnliche Ringdrossel trägt auf der Brust einen *weißen* (Männchen) bzw. *braunweißen* (Weibchen) *Halbmondfleck*. Sie brütet bei uns im Alpenraum und in einigen Mittelgebirgen und besucht v. a. im österreichischen Mühl- und Waldviertel, wo sie z. T. in Hausgärten brütet, Futterstellen.

Singdrossel
Turdus philomelos

In Großbritannien als Standvogel regelmäßiger Futterstellenbesucher, bei uns als Zugvogel relativ selten, v. a. bei Spätwintereinbrüchen und dann besonders in Gebieten, in denen sie zunehmend in Ortschaften siedelt. Sie ähnelt einem kleinen Amselweibchen, hat aber eine *helle, gefleckte Unterseite*. Sie ist ein Allesfresser wie die Amsel, bevorzugt aber mehr Weichfutter, wie z. B. Bienenlarven. Die sehr ähnliche ebenfalls kleine **Rotdrossel** *(T. iliacus)* besitzt einen *hellen Augenstreif* und *rostrote Flanken*. Dieser nordische Brutvogel, der z. T. bei uns überwintert, kommt gelegentlich v. a. an Bodenfutterstellen und verzehrt besonders gern Weichfutter und Früchte (Rosinen).

Kleine Drosselvögel

Von der Vielzahl der zu dieser Gruppe gehörenden Arten werden hier diejenigen vier behandelt, von denen eine häufig, das Rotkehlchen, eine andere zunehmend, der Hausrotschwanz, Futterstellen besucht, während die beiden anderen, nämlich Gartenrotschwanz und Schwarzkehlchen, nur selten an Futterplätze kommen – nicht zuletzt deshalb, weil sie auch insgesamt selten sind.

Gartenrotschwanz
Phoenicurus phoenicurus

Ebenfalls mit rotem, ständig vibrierendem Schwanz, aber *hellerer, orangebräunlicher Unterseite*, das Männchen zudem mit schwarzem Gesicht und Latz sowie weißer Stirn. Dieser spät (im April / Mai) zurückkehrende Afrika-Überwinterer mit derzeit starkem Bestandsrückgang erscheint v. a. in Schlechtwetterperioden an Ganzjahresfütterungen, um Weichfutter zu fressen.

Rotkehlchen
Erithacus rubecula

In Deutschland ungefähr die sechsthäufigste Vogelart, und nach Umfrageergebnissen der bei uns wohl beliebteste Vogel – also eine Art Nationalvogel. Nahezu unverkennbar durch den *orangeroten Kehl-, Brust- und Gesichtsbereich*, allenfalls mit dem Gimpel zu verwechseln, besitzt aber einen viel *dünneren Insektenfresserschnabel*. Ein hungerndes Rotkehlchen im Schnee macht uns im Herzen weh – und ist damit der Auslöser zur Vogelfütterung par excellence. Rotkehlchen profitieren sehr viel von unseren Futterstellen, zumal sie zunehmend bei uns überwintern oder früher im Jahr ins Brutgebiet zurückkehren. Dass sie nach wie vor stabile Bestände aufweisen, geht sicher auch auf ihre regelmäßige Zufütterung zurück. In Großbritannien mit Amsel, Blau- und Kohlmeise auf einem der vordersten Plätze der Top 12 der Futterstellenbesucher und auch bei uns an vielen Futterplätzen zugegen. Da Rotkehlchen auch im Winter Reviere vehement gegen Artgenossen verteidigen, erscheinen sie am Futterplatz fast stets einzeln. Wenn man Futtergäste jedoch beringt, zeigt sich, dass oft bis zu fünf oder mehr Rotkehlchen abwechselnd zum Fressen kommen. Er ist ein Allesfresser, der im Winter Weich- und Fettfutter bevorzugt, aber auch Haferflocken, kleinere Sämereien, Nuss-Stückchen u. a. verzehrt. Mit lebenden Mehlwürmern lassen sie sich mit Geduld sogar bis auf die Hand oder ins Haus gewöhnen.

Hausrotschwanz
Phoenicurus ochruros

Der typische Kleinvogel unserer Hausdächer, in Stadt und Land, der auch gern von Zaunpfählen, Geländern u. Ä. auf Insektenjagd geht. Gefieder *schwarz* (Männchen) oder *schiefergrau* (Weibchen) mit *rostrotem Schwanz*, der ständig *vibriert*. Die bei uns zunehmend überwinternde oder früher heimkehrende Art profitiert v. a. bei Spätwintereinbrüchen von Weich- und Fettfutter, was ihre derzeitige Bestandszunahme begünstigen mag.

Schwarzkehlchen
Saxicola rubicola

Das entfernt ähnlich aussehende Schwarzkehlchen (mit *schwarzem Kopf, rostroter Brust* und großem, *weißem Halsfleck*) erscheint in Großbritannien z. T. an Futterstellen und könnte bei derzeitiger gebietsweiser Bestandsvergrößerung auch bei uns Futtergast werden.

Kleiber und Baumläufer

Von diesen kleinen Baumkletterern ist v. a. der bunte und ruffreudige Kleiber sehr bekannt, zumal er immer wieder durch eine besondere Verhaltensweise verblüfft: durch sein Kopfabwärtsklettern am Stamm. Er schafft das, indem er einen Fuß weiter oben, den anderen weiter unten einhakt und dann abwechselnd einen Fuß nach dem anderen weiter nach unten führt. Dabei bewegt er sich häufig in einem leichten Zickzackkurs. Oft hämmert er auch kopfabwärts hängend z. B. Sonnenblumenkerne auf. Die beiden Zwillingsarten Garten- und Waldbaumläufer klettern fast nur stammaufwärts und fliegen neue Stämme meist tief unten an; falls sie stammabwärts klettern, dann rückwärts mit dem Schwanz voran in kurzem, ruckhaftem Abwärtsgleiten.

Kleiber
Sitta europaea

Sperlingsgroßer *untersetzter* Vogel mit *kurzem Schwanz, starkem, spitzem Schnabel, blaugrauem Rücken* und *gelbbrauner Unterseite*. In der Nähe von Wäldern, Parks oder Baumgruppen ein häufiger Futterstellenbesucher (in Großbritannien in der Liste der Top 12[34]), mit großer Vorliebe für Sonnenblumenkerne und auch Haselnüsse, die er aufzuhacken vermag. Kleiber sind Vorratssammler, die als überwiegende Standvögel an vielen Stellen im Revier, z. B. in Steinmauern oder Rindenspalten Samen verstecken (sodass im Frühjahr etwa aus Schlossmauern Sonnenblumen hervorwachsen können). Der Kleiberspezialist Hans Löhrl beobachtete einmal, wie ein Kleiberpaar an einem Oktobertag 983-mal (!) Samen wegschleppte – häufig zwei Sonnenblumenkerne auf einmal in dem langen Schnabel.

Gartenbaumläufer
Certhia brachydactyla

Wie ein winziger Specht, aber mit *dünnem Bogenschnabel, oberseits braun gestreift, unterseits hell*, mit *bräunlichen Flanken*. Als Vogel der Gärten, Obstanlagen und Parks kommt er nicht selten in die Nähe von Futterstellen, an die er sich mit Fettfuttermischungen – am besten in Baumstammnähe angeboten – gewöhnen lässt.

Der v. a. Gebirgswälder und mehr Nadelwald bewohnende **Waldbaumläufer** *(C. familiaris)* mit *silbrig weißer Unterseite ohne* bräunliche Flanken ist von seiner Zwillingsart am besten an Ruf und Gesang zu unterscheiden. Auch er lässt sich mit Fettfutter an Futterstellen gewöhnen, wenn sie vom Bergwald aus gut zu erreichen sind.

Rabenvögel

Diese sehr variable Gruppe, die zu den Singvögeln gehört (weswegen heutzutage auch alle Arten geschützt sind!), erscheint bei uns und in Nachbarländern mit bis zu zehn Arten an Futterstellen, wovon allerdings längst nicht alle willkommen sind. Insbesondere Elstern und „Krähen" als Nesträuber kleinerer Singvögel sind oft verhasst, wobei es bei den Krähen jedoch zu differenzieren gilt.

Alpendohle
Phyrrhocorax graculus

Im Alpenraum begegnet man an Bergstationen, Seilbahnhütten usw. oft einem weiteren Rabenvogel – nur etwa hähergroß – mit *gelbem Schnabel* und *roten Beinen*: der Alpendohle. Dort besucht sie auch häufig Futterstellen, z. T. bis in Tallagen im Alpenvorland. Und in Großbritannien erscheint an Futterplätzen auch die bei uns sehr seltene **Alpenkrähe** *(P. pyrrhocorax)* mit gebogenem rotem Schnabel.

Eichelhäher
Garrulus glandarius

Dieser etwa taubengroße Vogel besitzt an seinem rötlich braunen Körper typische *blau-weiße Flügelfelder*, einen *weißen Bürzel* und stellt sein Kopfgefieder oft haubenartig auf. Obwohl er ein typischer Waldvogel ist, gelangt er über Baumgruppen und Einzelbäume nicht selten bis an Futterstellen in Ortschaften (in denen er vereinzelt auch in Nadelbaumgruppen brüten kann, z. B. in Friedhöfen). Er nimmt gern gröbere Nahrung auf wie Nüsse, Maiskörner, aber auch Sonnenblumenkerne u. Ä. Bei frühzeitiger oder Ganzjahresfütterung kann er sich im Herbst den ganzen Kehlsack mit Futter füllen, das er dann im Erdboden als Vorrat versteckt (wie normalerweise v. a. Eicheln, mit denen er zur Verbreitung von Eichen beiträgt und was ihm seinen Namen eintrug). Ein hervorragend wirksames Anlockmittel für Eichelhäher sind gelb leuchtende Maiskolben.

Tannenhäher
Nucifraga caryocatactes

In bergigen Gebieten mit Nadelwald, in denen der *braune*, mit *weißen Tüpfeln gemusterte* Tannenhäher vorkommt, erscheint auch dieser mehr auf Nüsse und Nadelbaumsamen spezialisierte Häher z. T. ganz regelmäßig an Futterstellen. Ist er eingewöhnt, zeigt er weit weniger Scheu als der Eichelhäher und lässt sich Nüsse u. Ä. auch zuwerfen. Mit einer speziellen Schnabelleiste kann er sogar die überaus harten Zirbelnüsse knacken.

Rabenkrähe
Corvus corone

Diese auch Aaskrähe genannte Art ist landläufig „die Krähe" schlechthin, die im Osten (etwa östlich der Elbe) von der sehr nahe verwandten **Nebelkrähe** *(C. cornix)* vertreten wird. Die Rabenkrähe ist *ganz rabenschwarz* mit schwarzem *kräftigem Schnabel*, die Nebelkrähe hingegen besitzt einen *grauen Rücken und Bauch*. Beide sind Allesfresser, die an Futterstellen nicht gern gesehen werden, zumal sie oft Meisenknödel losreißen oder Fettfutterbrocken aus Behältern hacken.

Saatkrähe
Corvus frugilegus

V. a. in großen Städten wie Berlin, München oder Wien leben im Winter große Schwärme, die immer wieder auch Futterstellen besuchen. Sie zieht aus dem Osten – bis aus Sibirien – zu uns und überwintert hier. Sie unterscheidet sich von der Rabenkrähe durch einen *nackten Gesichtsfleck, dünneren Schnabel* und *bläulich schillerndes* schwarzes Gefieder. Sie ist auf vegetarische Nahrung spezialisiert und nimmt an Futterstellen gern Getreide, aber auch Weichfutter u. a. auf.

Elster
Pica pica

Unverkennbar durch die *schwarz-weiß scheckige Musterung*, den *langen Schwanz* und *metallischen Glanz* der dunklen Gefiederteile. Wie die Rabenkrähe ist auch die Elster an Futterstellen wenig beliebt. Da sie wie die Rabenkrähe die menschliche Nähe meidet, erscheint sie wie jene an Futterhäusern u. Ä. häufig mit Beginn der Morgendämmerung und raubt als „diebische Elster" alles, was nicht „niet- und nagelfest" ist. Wird sie in dieser Zeit an einer Futterstelle ein paar Mal ordentlich erschreckt, bleibt sie ihr danach meist fern.

Dohle
Coloeus monedula

In Gebieten, in denen diese stark im Bestand zurückgehende Art noch brütet oder im Winter erscheint – oftmals zusammen mit Saatkrähen –, besucht sie auch Futterstellen. Dohlen sind nur etwa hähergroße, also kleine Krähenvögel, mit auffallend *grauem Nacken und hellen Augen*. Diese liebenswerten, überwiegend von Insekten, Regenwürmern, Schnecken u. Ä. lebenden Vögel, die uns Konrad Lorenz durch seine Verhaltensstudien vertraut gemacht hat, verzehren an Futterstellen nahezu alles, was wir ihnen bieten, oder sie bedienen sich – wie die oben genannten Krähenarten und die Elster – auch gern am Komposthaufen selbst.

Kolkrabe
Corvus corax

Diese prächtigen Gesellen Wotans nehmen nach weitgehender Reduzierung in der Nachkriegszeit derzeit v. a. im Osten, aber auch im Westen wieder zu und lassen sich, wenn im weiteren Gebiet vorkommend, sehr gut an Greifvogel-Futterplätze gewöhnen, an denen Fleisch gereicht wird. Mit Geduld lassen sie sich sogar auf bestimmte Futterplätze und Fütterungszeiten „dressieren", wo sie dann zugeworfenes Futter aufnehmen. Kolkraben sind unsere größten Krähenvögel – etwa um die Hälfte größer als Rabenkrähen – mit *mächtigem Schnabel* und *keilförmigem Schwanz*.

Stare

Von dieser hauptsächlich in Afrika und Asien verbreiteten Gruppe kommen in Europa nur drei Arten vor, von denen unser gewöhnlicher Star ein häufiger Futterstellenbesucher ist.

Star
Sturnus vulgaris

Knapp amselgroß, aber im Gegensatz zur Amsel mit *kurzem Schwanz* und *metallisch glänzendem Gefieder*, das je nach Alter und Geschlecht mehr oder weniger *fein gefleckt* ist. In unserer heimischen Vogelwelt ist er etwa die achthäufigste Art. Dieser Frühjahrskünder, der mit seinem reichhaltigen, von Flügelschlagen begleitetem Gesang für viele ein Sinnbild des kommenden Frühlings ist, besucht sehr gern Futterhäuser und Bodenfütterungen. Bei Spätwintereinbrüchen können Schwärme von über 100 Individuen an einer einzigen Bodenfutterstelle erscheinen, um dort Haferflocken, Nuss-Stücke, aber auch Sämereien, Fleischkrissel, Obst, usw. aufzunehmen. Da der Star zunehmend bei uns überwintert, tauchen im Winter oft große Trupps an Futterplätzen auf. Er geht auch sehr gern an Meisenknödel und anderes Fettfutter, das v. a. Brutvögeln Energie für weite Flüge zur oft schwierigen Beschaffung von Nestlingsnahrung liefert (s. S. 22). Ein hervorragendes Lockmittel für Stare ist ein Weinstock an der Hauswand oder am Balkon, dessen Früchte großenteils für Stare verbleiben. Gibt es zudem noch Starennistkästen am Haus oder in der Nähe, stellen sich im September/Oktober Stare zur Herbstbalz ein, die dann im Spätwinter oder Frühjahr regelmäßig als Brutvögel wieder auftauchen. Ein neu entwickeltes Futter zur Jungenaufzucht, das im Frühjahr und Sommer angeboten wird, wurde auf Seite 41 vorgestellt. In Großbritannien gehört der Star inzwischen zu den zwölf häufigsten Futterstellenbesuchern.

Tauben

Vor Jahrzehnten kamen so gut wie keine Tauben an Futterstellen. Heute hingegen können in manchen Gebieten, wie z. B. dem Ruhrgebiet, bis zu vier Arten auftauchen: die vom Osten eingewanderte Türkentaube, die in Tieflagen zunehmend bei uns überwinternde und in Ortschaften einwandernde Ringeltaube, ganz vereinzelt die Hohltaube und natürlich, v. a. im Bereich von Städten, verwilderte Haustauben.

Türkentaube
Streptopelia decaocto

Eine kleine Taube, *hell graubraun* mit *schwarzem Nackenring* und weiß am Schwanzende. Dieser in Indien beheimatete Standvogel wurde u. a. in der Türkei gehalten und breitete sich von dort ab 1930 nach Westen aus, erreichte in den 1950er Jahren auch Deutschland und brütet heute in den meisten Gebieten Europas. Im Zuge ihrer teilweisen Domestikation hat sie sich eng an den Menschen angeschlossen, dringt z. B. in Hühnerfänge oder Taubenschläge ein und ist vielerorts ein häufiger Besucher von Futterstellen[46], wo sie oft in Gruppen auftaucht. Sie verzehrt wie alle Tauben Körnerfutter verschiedenster Art, v. a. kleinere Sämereien. In letzter Zeit gehen bei uns die Bestände großräumig aus noch unbekannten Gründen wieder zurück, so dass die Türkentaube inzwischen in vielen Orten wieder fehlt.

Ringeltaube
Columba palumbus

Unsere größte Taube – wirkt fast doppelt so groß wie die Türkentaube. Gefieder *blaugrau* mit *weißem Halsfleck* und *weißen Flügelbändern*.
Dieser früher ausschließliche Zugvogel und Waldbewohner entwickelt sich in Tieflagen zunehmend zum Standvogel und verstädtert in vielen Gebieten, bei uns v. a. in Norddeutschland. Gebietsweise können große Trupps an Futterstellen erscheinen, die man teilweise mit geeigneten Maßnahmen wie Futtersilos, Absperrgitter o. Ä. (s. S. 47) fernhalten sollte. Einzelvögel, die nahezu überall am Futterplatz auftauchen können, sind oft eine Bereicherung der Futtergästeschar.

Haustaube
Columba livia f. *domestica*

Wildfarben – als blaugrauer „Brieftaubentyp“ – kann sie einen *weißen Bürzel* und zwei *lange schwarze Flügelbinden* haben. Vielerlei Zuchtformen zeigen jedoch große Schwankungen in Färbung und Zeichnung von rein Weiß oder Schwarz mit Braun-, Creme- und Rottönen. Verwilderte Haustauben sind in vielen Städten zu Problemvögeln geworden und dürfen daher häufig nicht gefüttert werden. Sie sollten deshalb von Fütterungen mit geeigneten Maßnahmen ferngehalten werden (s. S. 41).

Hohltaube
Columba oenas

Diese in Wäldern lebende Taube verbleibt neuerdings zunehmend im Winter bei uns und rückt auch in Ortschaften ein, wo sie einzeln oder paarweise an Futterplätzen erscheinen kann. Sie ähnelt einer wildfarbenen Haustaube, hat aber einen *grauen Bürzel* und nur *kurze, schwarze Flügelbinden*.

Hühnervögel

Von den vielgestaltigen, z. T. farbenprächtigen Hühnervögeln kommen bei uns nur einige Arten an normale, v. a. für Kleinvögel eingerichtete Fütterungen. Das ist in erster Linie der bei uns seit Jahrhunderten eingebürgerte Fasan („Jagdfasan“); selten kommen einige weitere ausgebrachte Fasanenarten hinzu.
Ausnahmsweise können nach lokalen Aussetzungen in wärmeren Lagen auch Individuen des goldgelben ***Goldfasans*** (Chrysolophus pictus) *oder des silbrig hellen* ***Silberfasans*** (Lophura nycthemera) *auftauchen. Das früher häufig auch an Futterstellen erschienene Rebhuhn taucht heute nach katastrophalem Bestandsrückgang nur noch an wenigen Futterplätzen auf. Ebenso sind die Zeiten, in denen Auer- und Birkhuhn Fütterungen etwa im Schwarzwald oder Alpenvorland besuchten, nahezu vollständig vorbei. In Großbritannien werden von Futterstellen auch* ***Rothuhn*** (Alectoris rufa) *und* ***Wachtel*** (Coturnix coturnix) *gemeldet.*[9, 34]
Fasane werden in der Feldflur häufig von Jägern in speziellen Bodenschüttungen versorgt, an denen sich häufig auch viele andere Arten gütlich tun, wie z. B. Häher, Ammern, Lerchen.

Fasan
Phasianus colchicus

Das Männchen wirkt sehr *bunt*, mit *grünem Kopf, roten Hautlappen* („Rosen“) *über den Augen* und sehr *langem Schwanz*, das Weibchen von ähnlicher Gestalt, aber schlicht *gelblich braun und gefleckt*. Die meisten Fasanenmännchen besitzen zudem einen *weißen Halsring*. Sie können bei Störungen von Futterstellen wieselflink wegrennen oder laut polternd davonfliegen. An Futterplätzen nehmen sie v. a. Getreide, sehr gern Mais, aber auch Sämereien auf und fressen zudem gern Äpfel.

Rebhuhn
Perdix perdix

Dieses früher in fast ganz Europa verbreitete und häufige Feldhuhn fehlt heute in vielen Regionen ganz oder ist selten geworden. Nur in Gebieten extensiver Landwirtschaft oder nach Ausbürgerungsmaßnahmen kann man mit Rebhühnern an Futterstellen an Ortsrändern oder Gehöften rechnen. Es ist von rundlicher, hühnerkükenähnlicher Gestalt mit kurzem Schwanz, oberseits braun gefleckt und unterseits heller. Eindeutige Merkmale sind der *hell rostfarbene Kopf* und beim Männchen ein *schwarzer hufeisenförmiger Brustschild*. Das Rebhuhn bevorzugt an der Futterstelle ausgesprochen kleine Sämereien, wie z. B. Waldvogelfutter, früher Dreschabfälle, und liebt auch Grünzeug, wie z. B. Grünkohl, Brokkoli oder geraspelte Möhren.

Feldlerche
Alauda arvensis

Ein *braun gestreifter Bodenvogel*, unterseits heller, mit *angedeuteter Haube* und *weißen äußeren Schwanzfedern* – bei uns (noch) unter den häufigsten Vogelarten etwa an neunter Stelle. Dieser Teilzieher geht v. a. in Notzeiten nach früher Rückkehr aus dem Winterquartier ausschließlich an Bodenfutterstellen, die von offenem Gelände zugänglich sind (z. B. an Ortsrändern, Viehweiden, Gärten in der Feldflur oder an Einzelgehöften) und erscheint praktisch immer in kleineren oder größeren Trupps. Er frisst Haferflocken, kleinere Sämereien, aber auch Getreide.

Haubenlerche
Galerida cristata

Sie ist plumper und heller als die Feldlerche, besitzt eine *lange spitze Haube* und zudem *gelbbraune Schwanzaußenseiten*. Sie war früher als fast reiner Standvogel überall in Dörfern, Städten, auf Marktplätzen sowie Bahnhöfen unterwegs – kurzum überall da, wo Futter anfiel: v. a. Pferdeäpfel mit den darin enthaltenen Haferresten. Sie kam seinerzeit auch an Futterstellen in Hausgärten oder an Gartenlauben, um dort Getreide und Dreschabfälle zu fressen. Heute kann man bei dieser in Mitteleuropa akut vom Aussterben bedrohten Art nur im Osten gelegentlich noch mit wenigen Individuen an Futterstellen rechnen.

Lerchen

Von dieser artenreichen Gruppe v. a. südlicher trockener Gebiete waren in Mitteleuropa nur drei Arten weit verbreitet und häufig und haben früher auch regelmäßig Futterstellen besucht: Feld-, Heide- und Haubenlerche. Die Haubenlerche ist inzwischen bei uns weitgehend ausgestorben, die Heidelerche ist in vielen Gebieten ebenfalls verschwunden oder sehr selten geworden, und selbst die noch häufige Feldlerche hat enorme Bestandsverluste erlitten (s. S. 10).

Heidelerche
Lullula arborea

Die deutlich kleiner wirkende Heidelerche ist durch einen auffallend *kurzen Stummelschwanz* gekennzeichnet sowie durch ein *schwarz-weißes Abzeichen am Flügelrand*. Auch dieser Teilzieher kann nach Rückkehr aus dem Winterquartier in Notzeiten an Bodenfutterstellen auftauchen und im Gegensatz zur Feldlerche durchaus in der Nähe von Waldungen, Baumheiden u. Ä.

Grasmücken und Laubsänger

Von dieser großen Gruppe mit über 25 in Europa vorkommenden Arten spielen als Futterstellenbesucher bisher nur ganz wenige eine Rolle. Das ist bei diesen überwiegend noch weit in den Süden wegziehenden und lange wegbleibenden Insektenfressern zunächst auch nicht verwunderlich. Aber die Mönchsgrasmücke hat gezeigt, dass sich das im Zuge der globalen Klimaerwärmung sehr schnell und in großem Umfang ändern kann. So hat sie sich durch die Nutzung von Futterstellen in Großbritannien ein völlig neues Winterquartier erschlossen mit einer ganzen Reihe von damit zusammenhängenden Vorteilen (s. S. 19), die mit dazu beitragen, dass sie derzeit als einzige mitteleuropäische Grasmückenart stabile bis zunehmende Bestände aufweist.[66]
*Die ähnliche **Gartengrasmücke** (S. borin) – mausfarben graubraun, ohne besondere Abzeichen – kann vereinzelt Ganzjahresfütterungen im Sommerhalbjahr besuchen.[40]*
Eine ähnliche Entwicklung wie die Mönchsgrasmücke könnte in nächster Zeit der zunehmend bei uns überwinternde Zilpzalp nehmen, von dem v. a. aus Großbritannien Beobachtungen an Futterstellen vorliegen.[28]

Mönchsgrasmücke
Sylvia atricapilla

Ein graubrauner „Heckenschlüpfer", das Männchen mit *schwarzer Kappe*, das Weibchen mit *brauner Kappe* – bei uns etwa die zehnthäufigste Vogelart. Aus Mitteleuropa in Großbritannien überwinternde Mönchsgrasmücken sind dort inzwischen ganz regelmäßige Futterstellenbesucher, die nach zeitiger Rückkehr von dort auch bei uns zunehmend Futterplätze besuchen, wenn sie entsprechend eingerichtet sind. Während relativ frei stehende Futterhäuser nur zögerlich besucht werden, können bei Spätwintereinbrüchen Fettfutterspender, die in Hecken und Büschen in Gärten, in kleine Baumgruppen in Parks u. Ä. gehängt werden – also an Plätze, wo sich die Art normalerweise gern aufhält –, regelmäßig von zehn oder mehr Mönchsgrasmücken genutzt werden. Wo die Vögel auch Futterhäuser besuchen, fressen sie Haferflocken, Weichfutter und selbst kleine Sämereien.

Zilpzalp
Phylloscopus collybita

Dieser zierliche Laubsänger, der wie der Kuckuck seinen Namen nach seinem Gesang trägt und wie „zilpzalp ..." klingt, ist *oberseits olivbraun, unterseits weißlich* mit schwach *gelblichem Anflug* und *schwarzen Beinen* und steht in der Liste der häufigsten Vogelarten bei uns etwa auf Platz sieben. Ein ganz typisches Verhaltensmerkmal sind Zuckbewegungen von Schwanz und Flügeln in kurzen Abständen. Er kommt im Zuge seiner zunehmenden Überwinterung im Brutgebiet sowie früheren Rückkehr aus dem Winterquartier auch bei uns gelegentlich an Futterstellen, v. a. im Spätwinter und Frühjahr. Er kann selber kaum Fettfutter von Meisenknödeln loshacken, sondern nimmt kleine am Boden oder im Geäst liegende Partikel auf, im Futterhausbereich auch Weichfutter. Mit zunehmender Klimaerwärmung ist wie bei der Mönchsgrasmücke mit mehr und mehr Futterstellenbesuchern zu rechnen.
Auch die Zwillingsart **Fitis** *(P. trochilus)* mit *meist hellbraunen Beinen* wurde schon an der Ganzjahresfütterung beobachtet.[40]

Stelzen und Pieper

Durchweg Bodenvögel, vielfach in offenem Gelände, die gelegentlich Futterstellen besuchen, v. a. wenn sie von der freien Landschaft aus direkt zu erreichen sind – aber Ausnahmen sind möglich: siehe Gebirgsstelze. Stelzen haben sehr lange Schwänze, die häufig auf und ab wippen, und sie sind auffallend gemustert, Pieper hingegen sind braun gestreift und ähneln Lerchen, sind aber viel schlanker.

Bachstelze
Motacilla alba

Schwarze Kappe und *schwarzer Latz, grauer Rücken* und der im Übrigen *weiße Körper* machen die Bachstelze unverwechselbar. Sie siedelt von der offenen Landschaft bis ins Innere von Großstädten, wo sie auf Hochhäusern brüten kann, und besucht gelegentlich Futterstellen, die recht offen liegen, wo sie am Boden Weichfutter, Fettfutter u. Ä. aufnimmt.

Wiesenpieper
Anthus pratensis

Auch dieser Teilzieher, der zunehmend bei uns überwintert, sehr spät wegund sehr früh heimzieht, kann offen gelegene Futterstellen besuchen, wenn er sie findet. Bei uns ist das der Fall, wenn wir bei Schneefall die Bodenfütterung am Schafstall großflächig frei räumen. Auf derartig aperen Flächen finden sich dann neben Staren, Singdrosseln, Rohrammern, Hausrotschwänzen u. a. immer wieder Wiesenpieper ein, die Weichfutter und kleine Sämereien aufnehmen. Er wirkt wie eine kleine Lerche, mit olivbrauner Ober- und hellerer Unterseite, ist *oben und unten gestreift* und besitzt einen *dünnen Schnabel*.

Der sehr ähnliche **Baumpieper** *(A. trivialis)* mit mehr *gelbbrauner Färbung* und *hell-rötlichen* (statt dunklen) *Beinen* kann Ganzjahres-futterstellen besuchen.[40]

Gebirgsstelze
Motacilla cinerea

Von der Bachstelze durch die *gelbe Unterseite* und von anderen gelben Stelzenformen durch den *grauen Rücken* unterschieden; von allen Stelzenarten besitzt sie den längsten Schwanz. Dieser Teilzieher überwintert vielfach bei uns und ist im Gegensatz zur „Bach"-stelze eng an Bäche und Flüsse gebunden, die sie häufig auch innerhalb von Ortschaften bewohnt. Im Ortsbereich kommt sie gelegentlich auch an Futterstellen, wobei sie selbst kleine Futterhäuschen besuchen kann. Eine Gebirgsstelze hat in Schloss Möggingen, dem Sitz der Vogelwarte Radolfzell, den Winter 1988/1989 über monatelang ein Futterhaus besucht (und dort Weichfutter gefressen, wie wir es für unsere Grasmückenhaltung hergestellt haben[66]) und hat dann im Frühjahr 1989 zusammen mit einem Partner nur etwa 25 m entfernt davon gebrütet.

Rallen

Die bei uns Futterstellen besuchenden „Sumpfhühner" – Blässhuhn und Teichhuhn – haben, wie der Name irrtümlich vermuten lässt, nichts mit Hühnervögeln zu tun, sondern sind mit Kranichvögeln verwandt. Ihre rundliche Gestalt erinnert zwar etwas an Hühner, aber ihr Körper ist sehr schmal, wirkt wie seitlich „zusammengedrückt" und ist damit hervorragend geeignet, um durch dichtes Röhricht, Riedgras u. Ä. zu schlüpfen. In Großbritannien erscheint auch die kleinere langschnäblige ***Wasserralle*** *(Rallus aquaticus) an Futterstellen, die gebänderte Flanken besitzt.*

Blässhuhn
Fulica atra

Schwarz, mit *weißem Stirnschild* (Blesse) *und Schnabel*, Hinterkörper rundlich mit sehr kurzem Schwanz, wirkt wie schwanzlos. Dieser Schwimmvogel geht oft an Land, z. B. um in Wiesen Gras zu weiden, und kommt im Winterhalbjahr gern an von Ufern nicht weit entfernte Futterstellen, um dort Haferflocken, Körner, Äpfel und anderes aufzunehmen.
Blässhühner sind teilweise sehr aggressiv – sie vertreiben oft Enten und sogar Schwäne – und sind deshalb bisweilen unbeliebt. Ihr regionaler Rückgang rechtfertigt jedoch ihre Fütterung.

Teichhuhn
Gallinula chloropus

Wirkt graziler als das Blässhuhn, hat einen *roten Schnabel*, einen *weißen Flankenstreif* sowie *weiße Unterschwanzdecken* und einen aufgestellten Schwanz, mit dem es bei Erregung häufig zuckt. Auch dieser Wasser- und Sumpfvogel besucht gern ufernahe Futterstellen, wo er Haferflocken, Äpfel, Sämereien oder auch Weichfutter verzehrt. In vielen Zoos schmarotzen Teichhühner ganzjährig an den Fütterungen von Wasser-, Hühnervögeln u. a. und besiedeln dafür freiwillig deren Gehege.

Möwen

Ausgesprochen langflügelige Schwimmvögel, die viel und elegant fliegen und segeln, z. B. als Schiffsbegleiter. Die meisten Arten sind hell (weißgrau) und besitzen schwarze Abzeichen, im Jugendkleid sind Möwen meist dunkler. Bei uns kommen v. a. drei Arten als Futterstellenbesucher in Frage.

Lachmöwe
Larus ridibundus

Eine mittelgroße Möwe und die typische Möwe des Binnenlands. Ganzjährig kennzeichnend ist ein *rein weißer Vorderflügelrand; Beine und Schnabel* sind *rot*. Im Brutkleid ist der *Kopf schokoladenbraun* mit hellem Augenring. Dieser Koloniebrüter streift auch im Winter in Gruppen gesellig umher und besucht dabei gern Futterstellen, z. B. vielerorts in ufernahen Gemeinden des Bodensees. Die Lachmöwe kommt zudem in Städten von Seen und Flüssen aus bis zu Futterhäusern auf Balkone, wo sie als Allesfresser vielerlei verzehrt, von Haferflocken über Körner bis zu Fett- und Weichfutter. Über das problematische Füttern von Möwen direkt an Gewässern s. S. 47.

Sturmmöwe
Larus canus

Auch diese etwas größere Möwe mit *schwarz-weißen Flügelspitzen*, ohne weißen Vorderflügelrand und *grünlich gelber Bein- und Schnabelfärbung* überwintert häufig im Binnenland und kann gelegentlich – meist zusammen mit Lachmöwen – an Futterplätzen auftauchen. Ihr Futterbedarf ähnelt dem der Lachmöwe.

Silbermöwe
Larus argentatus

Im Bereich unserer Meeresküsten dominiert die Silbermöwe, die fast doppelt so groß wie eine Lachmöwe wirkt. Ihr *Rücken und die Flügel* sind *grau*, letztere *mit schwarz-weißen Spitzen*. Die Beine sind *fleischfarben*, bei der heute als eigene Art abgetrennten Mittelmeermöwe, die bis weit ins mitteleuropäische Festland hinein vorkommt, hingegen *gelb*. Obwohl die Silbermöwe tierische Nahrung bevorzugt, frisst sie auf Müllplätzen und bisweilen an Futterstellen im Küstenbereich auch vegetabilische Nahrung wie Haferflocken und Körner, ist aber wegen ihrer hohen Nahrungsaufnahme meist unbeliebt.

Greifvögel

Von dieser artenreichen und vielgestaltigen Gruppe, von der in Europa rund 40 Arten vorkommen, spielen an normalen Futterstellen nur wenige eine Rolle, von denen hier sieben kurz vorgestellt werden. Für eine Reihe von Arten, wie z. B. die vom Aussterben bedrohten Bart- und Mönchsgeier und die gebietsweise bedrohten Gänsegeier, werden in bestimmten Bergregionen spezielle Futterplätze angelegt, um Wiedereinbürgerungsaktionen zum Erfolg zu verhelfen. Alle Greifvögel – früher diskriminierend **Raubvögel** ***genannt – besitzen einen typischen*** **Hakenschnabel** ***(einen nach unten gebogenen spitzen Oberschnabel), der zusammen mit Greiffüßen (Zehen mit dolchartigen Krallen, daher der Name) zum Festhalten von Beute dient.***

Kornweihe
Circus cyaneus

Ein Teilzieher, der bei uns v. a. im Winterhalbjahr zu beobachten ist, nämlich als Wintergast aus Brutbeständen im Osten und Norden. Die Kornweihe sieht man meistens im bodennahen Ruder- und v. a. Gleitflug mit *v-förmig nach oben gestellten Flügeln*. Bei diesem schlanken Greifvogel, der in der Größe zwischen Sperber und Bussard liegt, besitzen sowohl das *hellgraue* Männchen als auch das *braun gestreifte* Weibchen einen *weißen Bürzelfleck*. Dieser Kleintierjäger kommt immer wieder an offen gelegene Futterstellen, um dort Singvögeln nachzustellen.

Sperber
Accipiter nisus

Er taucht an vielen Futterstellen auf – in Großbritannien etwa an der Hälfte aller Gartenfutterplätze. Seine Hauptnahrung sind Kleinvögel, die er im Winterhalbjahr häufig aus den Ansammlungen an Futterstellen zu erbeuten versucht. Dabei spielt er eine wichtige Rolle beim Verzehr kranker und geschädigter Individuen (s. S. 15). Meist sieht man ihn nur blitzschnell herbeijagen – und die Kleinvögel davonstieben. Aber bei längerem Beobachten kann man ihn auch sitzen sehen, manchmal sogar im Futterhaus oder auch – auf frisch gemachter Beute – unmittelbar daneben. Dann erkennt man die typischen Merkmale: nur etwa taubengroß, oberseits dunkel, unterseits heller und *eng gebändert* („gesperbert"), beim Männchen mit rostfarbener Tönung, die Augen stechend hell.

Der ebenfalls an Futterplätzen auftauchende und auf Tauben, Eichelhäher, Stare u. a. jagende **Habicht** *(Accipiter gentilis)* sieht einem Sperber sehr ähnlich, ist aber *etwa so groß wie ein Bussard.*

Turmfalke
Falco tinnunculus

Er ist überwiegend ein Mäusejäger, der aber auch Vögel fängt und v. a. in winterlichen Notzeiten gelegentlich an Futterstellen auftauchen kann, um dort, wenn möglich, Vögel zu erbeuten. Im Gegensatz zum Sperber, der bei ungestümer Jagd im engen Häuserbereich schon Fensterscheiben durchschlagen hat, erscheint der Turmfalke mehr an offenen Futterplätzen, die er meist von oben her bejagt. Er hat die Größe eines Sperbers, aber einen *rotbraunen Rücken* mit dunkler Fleckung (Männchen, mit grauem Schwanz) bzw. Bänderung (Weibchen, mit ebenfalls gebändertem Schwanz).

Mäusebussard
Buteo buteo

Unser häufigster Greifvogel, etwa hühnergroß, von der Gestalt eines kleinen Adlers. Er hat meist eine dunkelbraune Oberseite, ist unterseits heller, dunkel gefleckt bis gebändert, *Schwanz mit schmalen dunklen Bändern*. Bei sehr variabler Gefiederfärbung kommen auch sehr dunkle und fast weiße Individuen vor. Als Ansitz- oder Wartenjäger sitzt der Bussard oft stundenlang auf einem Baum, Leitungsmast oder Pfahl, um seiner Hauptbeute aufzulauern – Mäusen. Bei geschlossener Schneedecke können nicht weggezogene Individuen dieser teilziehenden Art nach einigen Tagen des Hungerns, das ihnen nicht schadet, in Not geraten und schließlich verenden. Zuvor versuchen sie gelegentlich, an offen gelegenen Futterstellen Kleinvögel zu erbeuten, aber meist nur mit geringem Erfolg. In Notzeiten mit geschlossener Schneedecke lassen sich Mäusebussarde (zusammen mit anderen Fleischfressern) gut an spezielle Futterplätze locken, an denen man derzeit am besten Rinderherz anbietet, u. U. auch Wildbret (s. S. 35). An solchen, früher „Luderplätzen" genannten Futterstellen können 20 und mehr Bussarde erscheinen – ein grandioses Erlebnis.

Vor allem in Norddeutschland – in sehr strengen Wintern auch bis nach Süddeutschland – kann der im nördlichen Skandinavien brütende **Rauhfußbussard** *(B. lagopus)* Futterplätze aufsuchen. Er zeichnet sich außer durch seine bis zu den Zehen befiederten Beine (Name!) v. a. durch einen *weiß(lich)en Schwanz mit breiter, dunkler Endbinde* aus.

Rotmilan
Milvus milvus

Er ist ein *rostfarbener* Greifvogel, der v. a. auch wegen seines langen, *tief gegabelten Schwanzes* („Gabelweihe") noch größer als ein Bussard wirkt. Dieser Teilzieher kann als Überwinterer oder sehr früher Rückkehrer im Spätwinter wie der Mäusebussard in Not geraten und kommt dann gern an Futterstellen, an denen Fleisch ausgelegt wird.

Auch der noch fast ausschließlich wegziehende **Schwarzmilan** *(M. migrans)* – *schwärzlich braun*, nur *schwach* gegabelter Schwanz –, der häufig Aas verzehrt, kann an Futterplätzen erscheinen, an denen Fleisch oder Fisch geboten wird. An unserem Institut taucht er gelegentlich auf, um an der Storchenfütterung tote Eintagsküken zu holen.

Störche

Die beiden bei uns vorkommenden Arten – Weiß- und Schwarzstorch – sind bestimmt keine „Futterhaus"-Vögel, aber Fütterung spielt v. a. beim Weißstorch eine große und wichtige Rolle. Deshalb soll er hier mit einbezogen werden. Auch für den meist sehr heimlich in großen Wäldern lebenden **Schwarzstorch** (Ciconia nigra) ***werden z. T. Nahrungstümpel in Waldbächen angelegt, in denen lebende Fische geboten werden, was aber Spezialisten vorbehalten bleibt.***

Weißstorch
Ciconia ciconia

Freund Adebar – unser (früherer) Kinderbringer – war vor wenigen Jahrzehnten in weiten Teilen seines ehemaligen Verbreitungsgebiets ausgestorben (s. S. 19). Durch Wiedereinbürgerung verbunden mit *intensiver Fütterung* gelang es, von der Schweiz bis nach Skandinavien wieder eine *semidomestizierte* Population aufzubauen, die immer noch vieler menschlicher Unterstützung bedarf. So müssen viele der im Winter nicht wegziehenden Vögel gefüttert werden, und ebenso ist vielfach *Zufütterung zur Brutzeit für guten Bruterfolg unerlässlich*. Wer das leugnet (und das tun nicht wenige „Pseudo-Ökologen"), der übersieht, dass die Störche bei uns gerade auch deshalb so dramatisch im Bestand zurückgegangen waren, *weil ihnen die Nahrungsgrundlage verloren gegangen ist* (durch Trockenlegung von Feuchtgebieten, Umwandlung von Wiesen in Äcker und anderem[46]).

Unser unverkennbarer Weißstorch – groß, *weiß, mit Schwarz an den Flügeln* sowie *rotem* Schnabel – lässt sich leicht an Futterplätze gewöhnen und regelmäßig zufüttern. Optimales Nahrungsangebot sind Eintagsküken oder kleine Fische sowie Fischstücke, die man über ausgewiesene Händler bezieht.

Bei Vorratshaltung sollte man beachten, dass ein Weißstorch bei einem einzigen Futterstellenbesuch bis zu 20 Eintagsküken im Kropf aufnehmen und zu seinen Jungen schleppen kann!

Seidenschwanz
Bombycilla garrulus

Dieser Brutvogel der Taigazone der Holarktis – von Skandinavien bis Sibirien und Kanada – erscheint rund alle zehn Jahre als so genannter Invasionsvogel z. T. massenhaft bei uns in Mitteleuropa. Diese Großinvasionen vermeintlicher „Pestvögel", die seit dem Mittelalter registriert werden, haben ihre Ursache in starker Vermehrung verbunden mit Nahrungsmangel und führen geringere Mengen an Seidenschwänzen auch in zwischen den Großeinflügen liegenden Jahren zu uns.[46] Als Spezialisten für pflanzliche Nahrung (s. S. 14) suchen Seidenschwänze bei uns hauptsächlich nach Beeren aller Art, v. a. auch nach Obst, und lassen sich mit entsprechendem Futter (Äpfeln, Rosinen, den lackroten Beeren des Schneeballs) gut an Futterstellen locken, wo sie oft kaum Scheu zeigen. Sie ähneln in Größe, Gestalt und Flug Staren, sind aber am Körper nicht gefleckt und haben eine *lange Haube* sowie eine *gelbe Schwanzspitze*.

Seltene Gäste

Im Folgenden werden noch einige Arten kurz vorgestellt, die da und dort und hin und wieder an Futterplätzen entdeckt werden können und dann oft für Aufregung, Begeisterung oder auch große Ratlosigkeit sorgen können. Die Liste der Futterstellenbesucher ist damit aber keineswegs vollständig: Selbst in Großbritannien, wo bis 2005 rund 165 Arten an Gartenfutterplätzen registriert wurden, kommen noch ständig weitere Arten neu hinzu.

Halsbandsittich
Psittacula krameri

Im Zuge der globalen Klimaerwärmung, der Ausbildung günstiger Mikroklimata in Großstädten und auf Grund spezieller lokaler Nahrungsangebote ist es inzwischen einigen „Exoten" gelungen, sich bei uns fest zu etablieren. Dazu gehören neben Flamingoarten (z. B. im Zwillbrocker Venn), verschiedenen Enten- und Hühnervögeln v. a. auch rund zehn Papageienarten. Von diesen fast durchweg von entwichenen und ausgesetzten Individuen abstammenden „Neubürgern" ist der Halsbandsittich ein prominenter Vertreter. Er brütet in Europa inzwischen mit über 10 000 Brutpaaren und ist besonders in Randlagen großer Städte wie Köln, Innsbruck, Wien u. a. augenfällig. Wie auch all die anderen Sittich-, Amazonen- und sonstigen Papageien-Neubürger nutzt er Futterstellen, an denen er Sämereien, Früchte, Haferflocken u. a. verzehrt. Gelegentlich tauchen entwichene **Wellensittiche** *(Melopsittacus undulatus)*, **Kanarienvögel** *(Serinus canaria)* u. v. a. am Futterplatz auf, die sich meist nur vorübergehend halten.

Stockente
Anas platyrhynchos

Wer Futterstellen in Wassernähe unterhält, kann oder muss u. U. mit einer ganzen Reihe von Wasservögeln oder Feuchtgebietsbewohnern rechnen. Neben **Höckerschwänen** *(Cygnus olor)*, **Grau-** *(Anser anser)*, **Kanada-** *(Branta canadensis)* und **Streifengans** *(Anser indicus)* sind dies besonders verschiedene Entenarten, von denen die Stockente die häufigste Art ist. Das Männchen ist hell mit *grünem Kopf* und *weißem Halsring*, das Weibchen braun wie bei anderen Entenarten, aber mit *weißlichem* Schwanz. Enten sind Allesfresser, die an Futterstellen nahezu alles verzehren, was nicht zu groß oder zu hart zum Schlucken ist.

In Großbritannien hat man an Futterplätzen verschiedene Watvögel beobachtet, v. a. **Bekassine** *(Gallinago gallinago)* und **Waldschnepfe** *(Scolopax rusticola)*, die Weichfutter aufnehmen, und an Gartenteichen kann gar nicht selten ein **Graureiher** *(Ardea cinerea)* erscheinen, um z. B. Goldfische zu fangen. Ihn kann man mit Fischen versorgen. Letzteren kann man ebenso wie die **Rohrdommel** *(Botaurus stellaris)*, die in harten Wintern in große Not geraten kann, mit Fischen – in flachen Behältern angeboten – versorgen, z. T. auch mit Eintagsküken. Auch den **Eisvogel** *(Alcedo atthis)* kann man bisweilen mit kleinen Fischen – in Becken oder Aquarien dargereicht – füttern.

Wie für tagsüber aktive Greifvögel beschrieben, können auch in der Dämmerung jagende Eulen an Futterplätzen erscheinen, um meistens gegen Abend, gelegentlich auch morgens oder selten am Tage Vögeln nachzustellen. Das gilt v. a. für den **Waldkauz** *(Strix aluco)*, der sich zu einem Gutteil von kleineren und größeren Vögeln ernährt. Er hat etwa die Größe einer Ringeltaube, wirkt kräftig und rundlich mit breitem Kopf, hat *rot- bis graubraunes Gefieder* und große *schwarze Augen*.

Auch die **Waldohreule** *(Asio otus)* – überwiegend Mäusejäger – fängt besonders in Notzeiten, v. a. bei geschlossener Schneedecke, kleinere Vögel, die z. T. auch in der Nähe von Futterstellen erbeutet werden. Waldohreulen kann man helfen, indem man in der Nähe ihrer Schlafbäume, in denen größere Gruppen von Vögeln zusammensitzen können, Bodenbereiche offen hält und mit Stroh, Dreschabfällen usw. abdeckt, so dass sich dort Mäuse vermehrt aufhalten.

Ähnliches gilt auch für die **Schleiereule** *(Tyto alba)*, die noch mehr als die Waldohreule auf Mäuse spezialisiert ist, aber ebenfalls an Futterstellen erscheinen kann.
Weitere Vogeljäger, die sowohl in Großbritannien als auch bei uns Futterplätze für Sing- und Großvögel aufsuchen können, sind **Steinkauz** *(Athene noctua)*, **Wanderfalke** *(Falco peregrinus)*, **Merlin** *(Falco columbarius)* und **Raubwürger** *(Lanius excubitor)*. Als Raubwürger noch überall häufiger waren, haben sie im Winter ganz regelmäßig Kleinvögel an Futterstellen erbeutet – heute ist das bei den Restbeständen dieser Art, die bei uns noch vorkommen, die große Ausnahme. An mit Fleisch bestückten Futterplätzen kann im Küstenbereich, aber auch an Binnenseen der **Seeadler** *(Haliaeetus albicilla)* auftauchen, im Alpenraum sogar der **Steinadler** *(Aquila chrysaetos)*.

Eine Geschichte

Zum Schluss eine kurze amüsante Geschichte, die zeigt, dass am Vogelfutterplatz in Bezug auf das Auftreten von Kuriositäten nichts unmöglich ist. In der Vogelwarte kommen im Winterhalbjahr fast täglich Anrufe der Art: „Bei mir am Futterhaus war (oder ist) ..., was könnte das (gewesen) sein?“
Solch einen Anruf einer älteren Dame erreichte vor etlichen Jahren unseren damaligen Leiter der Beringungszentrale, der mir anschließend davon berichtete mit der Aufforderung, ich soll mich hinsetzen, damit es mich nicht „umhauen“ würde. Die Dame (D): „An meinem Futterhaus ist ein Vogel mit langem Schnabel, grau, und rot auf dem Kopf – was ist das?“ Mein Mitarbeiter (M): „Müsste wohl ein Grauspechtmännchen sein.“ D: „Kein Specht – Spechte kenne ich.“ M: „Wenn es kein Grauspecht ist, dann kommt bei uns eigentlich kein anderer Vogel mit derartiger Färbung in Frage.“ D: „Nun hören Sie mal – ich sehe ihn ja vor mir.“ M: „Hat er denn außer Grau und Rot noch andere Farben?“ D: „Ja, ja, am Kopf ist auch noch Schwarz und Weiß.“ M: „Ah – dann ist es offenbar ein Buntspecht.“ D (ärgerlich): „Nun hören Sie mal, wollen Sie mich etwa auf den Arm nehmen? Ich sagte Ihnen doch schon: Es ist kein Specht!“ M (nach einigem Überlegen): „Wie groß ist denn Ihr kurioser Vogel?“ D: „Riesig, so wie ein Storch, oder größer; wissen Sie, der steht neben dem Futterhaus und frisst.“ M: „Ach du lieber Himmel – und warum haben Sie das nicht gleich gesagt?“ D: „Sie haben ja gar nicht nach der Größe gefragt.“ M (nach einiger innerer Sammlung): „Gut – und wie sieht denn der Schwanz des Vogels aus?“ D: „Der ist so buschig, so nach unten, wie bei einem Strauß.“ M: „Okay, dann ist es offensichtlich ein **Kranich** *(Grus grus)*“ ... was dann die weitere Beschreibung ohne jeden Zweifel bestätigte.

Literatur

Die halbfetten Ordnungszahlen beziehen sich auf die hochgestellten Hinweiszahlen im Text. Bücher sind mit **Titel** aufgeführt, Zeitschriftenartikel nur unter Angabe von Autor(en), Zeitschrift, Erscheinungsjahr, **Band** und Seitenzahl, mit der die Artikel über den üblichen Literaturservice zu beschaffen sind.

1 Föhr G.: **Nistkästen und Vogelschutz**, Neue Brehm-Bücherei Wittenberg 2005
2 Lohmann M.: **Vögel am Futterhaus**, BLV München 2005
3 Liebe K.: Monschr Dtsch Ver Schutze Vogelwelt 1879
4 Hennicke C.: **Handbuch des Vogelschutzes**, Creutz Magdeburg 1912
5 Henze O.: **Vogelschutz**, Brockmann München 1934
6 Carson R.: **Der stumme Frühling**, Biederstein München 1962
7 Berthold P. et al: 1986 J Ornithol **127** 397
8 Löhrl H.: **Vögel am Futterplatz**, Kosmos-Verlag Stuttgart 1982
9 Glue D.: 2005 BTO News **260** 8
10 BTO: 2005 Garden Birds Hygiene & Disease BTO Thetford
11 Witt R.: **Ein Garten für Vögel**, Kosmos-Verlag Stuttgart 1999
12 Franck N.: **Vögel im Winter**, BUND Berlin 2002
13 Singer D.: **Vogeltreffpunkt Futterhaus**, Kosmos-Verlag Stuttgart 1987
14 Schmidt T.: **Gefiederte Nachbarn**, Rasch & Röhring Steinfurt 2001
15 Berthold P.: 1990 Verh Dtsch Zool Ges **83** 227
16 Bezzel E.: **Vögel in der Kulturlandschaft**, Ulmer Stuttgart 1982
17 Naumann J.: 1849 Rhea **2** 131
18 Bauer HG. et al: 2002 Ber Vogelschutz **39** 13
19 Berthold P.: 2003 J Ornithol **144** 385
20 Graveland J. et al: 1994 Nature **368** 226
21 Bezzel E.: 2001 J Ornithol **142** Sh 1 160
22 Engler B., Bauer HG.: 2003 Artenschutzrep Sh 14 21
23 Crick H. et al: 2002 BTO News **242** 3
24 Robinson R., Sutherland W.: 2002 J Appl Ecol **39** 173
25 Hole D.: 2002 BTO News **243** 17
26 Witt K.: 2005 Berliner Ornithol Ber **15** 41
27 Mitschke A., Mulsow R.: 2003 Artenschutzrep Sh 14 4
28 Glue D.: 2001 BTO News **236** 12
29 Aitinger J.: **Vom Vogelstellen**, Schadewitz Cassel 1653
30 Bub H.: **Vogelfang und Vogelberingung**, Neue Brehm-Bücherei Wittenberg 1970
31 Havelka P. et al: **Vögel im Winter**, Staatl. Vogelschutzwarte BW Karlsruhe 2001
32 Liebe K.: **Ornithologische Schriften**, Malende Leipzig 1894
33 Morbach J.: **Der praktische Vogelschutz**, Luxbg Landesver Vogelsch Esch 1935
34 Glue D.: 2002 BTO News **242** 6
35 Siriwardena G., Stevens D.: 2004 Ibis **146** Suppl 2 144
36 Robinson R., Sutherland W.: 1999 Ecography **22** 447
37 Stephens P. et al: 2003 J Appl Ecol **40** 970
38 Berthold P.: 1976 J Ornithol **117** 145
39 Euronatur 2004 EDEKA diese Woche **6** 3
40 Kraft M.: 1988 Verh Ornithol Ges Bayern **24** 555
41 Nager et al: 1997 J Animal Ecol **66** 495
42 Petrin Z.: **Bedeutung von Efeubeeren in der Ernährung heimischer Singvögel**, Dipl.-Arbeit Uni Gießen 2000
43 Brensing D.: 1977 Vogelwarte **29** 44
44 Berthold P.: 2006 Ber Freiburger Forstl Forsch FVA
45 2005 Forschung aktuell MaxPlanck-Forschung **4** 5
46 Berthold P.: **Vogelzug**, Wiss Buchges Darmstadt 2000
47 Bearhop et al: 2005 Science **310** 502
48 Chamberlain et al: 2005 Ibis **147** 563
49 Reynolds S. et al: 2003 Oecologia **134** 308
50 Ramsay S., Houston D.: 1997 J Animal Ecol **66** 649
51 Toms M.: 2005 BTO News **261** 7
52 Schmidt KH., Wolff S.: 1985 J Ornithol **126** 175
53 Siriwardena G. et al: 2005 BTO News **259** 4
54 Cowie R., Hinsley S.: 1988 Bird Study **35** 136
55 Hernandez A.: 2005 Folia Zool **54** 379
56 Lietzow E.: 2006 Voliere **29** 29
73 Moss et al: 2001 **Bird Boxes and Feeders** New Holland London
58 Berlepsch H. v.: **Der gesamte Vogelschutz**, Neumann Neudamm 1929
59 Dreyer S.: 2003 Tier Bild 26
60 Frömel R.: 1980 Vogelwarte **30** 218
61 CJ WildBird Foods Handbook 2005–06 Shrewsbury
62 CJ WildBird Foods Handbook 2002–03 Shrewsbury
63 Bund für Vogelschutz 1914 Merkbl 25
64 Egidius H.: **Vögel im Garten**, Ulmer Stuttgart 2004
65 Pfeifer S.: **Taschenbuch für Vogelschutz**, DBV Stuttgart 1973
66 Berthold P. et al: **Die Mönchsgrasmücke**, Neue Brehm-Bücherei Wittenberg 1990
67 Visser M. et al: 2004 in Møller A et al Adv Ecol Research **35** 89
68 Winkel W., Winkel D.: 2006 Jb Inst Vogelforsch 19
69 Pounds A. et al: 2006 Nature **439** 161
70 Richarz K. et al: **Taschenbuch für Vogelschutz**, Aula Wiesbaden 2001
71 Bayer. Verfassungsgerichtshof: Az Vf 5-VII-03 Gefiederte Welt 2006 36
72 Witt R.: **Wildpflanzen für jeden Garten**, BLV München 1994
73 Heynitz K. v., Merckens G.: **Das biologische Gartenbuch**, Ulmer Stuttgart 1994
74 IUCN (Weltnaturschutzunion) 2005 Rote Listen http://www.birdlife.redlist
75 Mols C. et al: 2005 Ardea **93** 259
76 Calladine J. et al: 2006 Ibis **148** 169
77 Biebach H. et al: 1991 J Biol Rhythms **6** 353

Quellen für Futtermittel und Futterspender

Deutschland

Rosenlöcher GmbH & Co. KG Spezialfuttermittel + Heimtiernahr. KG
Gewerbering 33
D-01809 Dohna
Tel: 03529/510434
Fax: 03529/511763
www.rosenloecher.de

Christoph & Franz Erdtmann OHG
Fabrikation und Großhandel
Söllerstraße 29–31
D-21481 Lauenburg/Elbe
Tel: 04153/58600

RUDLOFF. Feldsaaten – Tierfutter
Sereetzer Feld 8
D-23611 Sereetz
Tel: 0451/3987622
Fax: 0451/392463
info@rudloff.de
www.petonline.de

GEVO GmbH
Gewerbestraße 9
D-26845 Nortmoor
Tel: 04950/98880
Fax: 04950/988810
mail@gevo-gmbh
www.gevo-gmbh.info

Vitakraft GmbH & Co. Fachhandels KG
Mahndorfer Heerstr. 9
D-28307 Bremen
Tel: 0421/4898100
Fax: 0421/488319
www.vitakraft.de

Heinrich Wieck Naturprodukte für Heimtiere & Gartenteiche
Immenweg 5
D-33397 Rietberg
Tel: 02944/7170
Fax: 02944/2746
hwm@Wieck.de
www.wieck.de

Vivara Naturschutzprodukte
Postfach 2520
D-41312 Nettetal-Kaldenkirchen
Tel: 01803/848272
Kundenbetreuung: 01805/848731
Fax: 01805/848730
info@vivara.de

Paul's Mühle, Tiernahrung Josef Paul
Westring 2–4
D-45659 Recklinghausen
Tel: 02361/23231
Fax: 02361/29831
info@pauls-muehle.de

PetGro – Eine Division von ROPOMIX
Roland Pöppelmann
Im Derdel 9
D-48161 Münster
Tel: 02534/395
Fax: 02534/5158
info@petgro.de
www.petgro.de

Rolli-Pet Deutschland GmbH
Nikolaus-Dürrkop-Str. 3
D-59229 Ahlen
Tel: 02382/8886160
Fax: 02382/88861699
office@rolli-pet.de
www.rolli-pet.de

L. Stroetmann Saat GmbH & Co. KG
Harkortstr. 30
D-48163 Münster-Mecklenbeck
Tel: 0251/71820
Fax: 0251/718230
info@stroetmann.de

Claus GmbH
Friedensau 11
D-67117 Limburgerhof
Tel: 06236/61036
Fax: 06236/61039
info@claus-futter.de

SCHWEGLER Vogel- & Naturschutzprodukte GmbH
Heinkelstrasse 35
D-73614 Schorndorf
Tel: 07181/9774500
Fax: 07181/9774500
info@schwegler-natur.de

Unternehmensgruppe Rahmer
Marke „vogelpick"
Horkheimer Straße 67–71
D-74081 Heilbronn
Tel: 07131/898770
Fax: 07131/8987750

Mayr Groß- und Außenhandelsgesellschaft mbH
Lebensmittel- und Futtermittelrohstoffe
Zur Mühle 9
D-86473 Schönebach
Tel: 08284/708
Fax: 08284/8230
mayr@winterstar.de

Donath Wintervogelfutter
Andreas Donath eK
Bahnhofstraße 23
D-88250 Weingarten
Tel: 0751/43060
Fax: 0751/53205
donath@wintervogelfutter.de
www.wintervogelfutter.de

Österreich

Rolli-Pet Tiernahrung GmbH
Angersberg 18
A-4483 Hargelsberg
Tel: 0043-(0)7225/61160
Fax: 0043-(0)7225/611618
office@rolli-pet.at
www.rolli-pet.at

Niederlande

Dacapo – Teurlings Lenersan Poortman B.V
Vogelaarsweg 23
NL-3313 LL Dordrecht
Tel: 0031-(0)78/6220622
Fax: 0031-(0)78/6210669
info@lenersanpoortman.nl
www.lenersanpoortman.com

Großbritannien

Der in Großbritannien führende Anbieter für Vogelfutter, Futtergeräte usw. ist:

CJ WildBird Foods Ltd
The Rea
Upton Magna
GB-Shrewsbury SY4 4UR
Tel: 0044-(0)1743/708016
Fax: 00 44-(0)1743/709542
www.birdfood.co.uk

Allesfresser 32
Alpenbraunelle 68
Alpendohle 76
Alpenkrähe 76
Ambrosie 48
Ammern 69
Amsel 72
Äpfel 33

Bachstelze 67
Baumläufer 75
Baumpieper 67
Bekassine 90
Bergfink 65
Berghänfling 67
Bienenlarven 37
Birkenzeisig 64
Blässhuhn 84
Blaumeise 61
Blutspecht 70
Bodenfütterung 31
Braunellen 68
Buchfink 65
Buntspecht 70

Dohle 77
Drosseln 72 f.
Drosselvögel 74

Eichelhäher 76
Eichhörnchen 27
Eisvogel 90
Elster 77
Erdnüsse 33 f., 42
Erdnuss-Spender 31, 33, 42
Ersatzfutter 36

Fasan 80
Feldlerche 81
Feldsperling 23, 68
Fettflocken 37
Fettfutter 31, 33, 42
Fettfutter aus Rindertalg 37
Fichtenkreuzschnabel 67
Finkenvögel 64 ff.
Fitis 82
Fleischfresser 35
Fleischstückchen 35
Futterangebot, minimales 32 f.
Futterbedarf 46
Fütterbeginn 38
Futterglocke 29
Futterhaus 27, 29, 31
Futtermittel 25, 32 ff., 42 ff.
Futtermittel, ungeeignete 35
Futterplatz, öffentlicher 54
Futtersäule 29
Futtersilo 29, 31
Futterspender 28 ff.
Futterstelle 27 ff.
Futterstelle säubern 40
Fütterungsdauer 38 f.
Futterverbrauch 36, 43

Ganzjahresfütterung 11, 41 ff.
Garten, vogelfreundlicher 51
Gartenbaumläufer 75
Gartengrasmücke 82
Gartenrotschwanz 74
Gebirgsstelze 67
Gimpel 66
Girlitz 65
Goldammer 69
Goldfasan 80
Goldhähnchen 63
Grasmücken 82
Grauammer 69
Graugans 73
Graureiher 90
Grauspecht 71
Greifvögel 24, 86
Grünfink 64
Grünling 64
Grünspecht 71

Habicht 86
Hänfling 66
Haubenlerche 81
Haubenmeise 62
Hausrotschwanz 74
Haussperling 8, 20, 23, 68
Haustauben 47 f., 79
Heckenbraunelle 68
Heidelerche 81
Höckerschwan 73
Hohltaube 79
Hühnervögel 80
Hygiene 40

Jungvögel 22

Kalk 35
Kanadagans 73
Kanarienvogel 73
Karmingimpel 64
Kernbeißer 65
Kleiber 75
Kleinspecht 71
Kohlmeise 61
Kolkrabe 77
Körnerfresser 32
Kornweihe 86
Krähen 76
Kranich 90
Krankheiten 50

Lachmöwe 85
Laubsänger 82
Lebendfutter 42
Lerchen 81

Mäusebussard 87
Meisen 61 f.
Meisenknödel 29, 33
Merlin 90
Misteldrossel 73
Mittelspecht 71
Mönchsgrasmücke 19, 82
Möwen 85

Nebelkrähe 77
Nistgelegenheiten 52

Obst 33, 35

Papageien 73
Pieper 67

Rabenkrähe 77
Rabenvögel 76
Rallen 84
Raubwürger 90
Rauhfußbussard 87
Rebhuhn 80
Ringdrossel 72
Ringeltaube 79
Rohrammer 69
Rohrdommel 90
Rotdrossel 73
Rothuhn 80
Rotkehlchen 74
Rotmilan 87

Saatkrähe 77
Sämereien 34, 36, 42
Schleiereule 90
Schneeammer 69
Schneefink 64
Schwanzmeise 23, 62
Schwarzkehlchen 74
Schwarzmilan 87
Schwarzspecht 71
Schwarzstorch 88
Seeadler 90
Seidenschwanz 73
Silberfasan 80
Silbermöwe 85
Singdrossel 73
Sonnenblumenkerne 34
Spatz 68
Spechte 70 f.
Sperber 86
Sperlinge 23, 68
Spornammer 69
Star 78
Steinadler 90
Steinkauz 90
Stelzen 67
Stieglitz 66
Stockente 73
Störche 88
Streifengans 73
Streufutter, Winter- 33
Sturmmöwe 85
Sumpfmeise 61

Tannenhäher 76
Tannenmeise 62
Tauben 79
Teichhuhn 84
toter Vogel 50
Tränke 31
Türkentaube 79
Turmfalke 86

Vogelarten an Futterstelle 28
Vogelgrippe 50, 55
Vogelschutzmaßnahmen 51 f.

Wacholderdrossel 73
Wachtel 80
Waldbaumläufer 75
Waldkauz 90
Waldohreule 90
Waldschnepfe 90
Wanderfalke 90
Wasserralle 84
Wasservögel 47
Weichfutter 33, 42
Weichfutterfresser 32
Weißstorch 19, 57, 88
Wellensittich 89
Wiesenpieper 67
Wildpflanzen, heimische 51
Winterfütterung 27 ff.

Zaunkönig 67
Zeisig 64
Zilpzalp 82
Zitronenzeisig 64

Danksagung

Wir danken der Hans und Helga-Maus-Stiftung, v. a. Herrn Prof. Dr. H. Thümmel, Stuttgart, Frau Elisabeth und Herrn Dr. Karl Walti, Mainz, für die großzügige Unterstützung unserer Freilanduntersuchungen zu Fragen der Vogelfütterung sowie den Mitarbeitern des Kosmos-Verlags, insbesondere Frau Dipl.-Biol. Bärbel Oftring und Frau Dipl.-Biol. Stefanie Tommes für die sehr gute und angenehme Zusammenarbeit.

Impressum

Umschlaggestaltung von eStudio Calamar unter Verwendung von vier Aufnahmen von Frank Hecker

Das Foto auf der Umschlagvorderseite zeigt ein Rotkehlchen. Auf der Umschlagrückseite sind eine Blaumeise (li.), ein Kleiber (Mi.) und ein Feldsperling (re.) zu sehen.

Mit 132 Farbfotos, 4 Farb- und 3 Schwarzweißgrafiken

Die Fotos stammen von Andreas Allgaier (S. 59), CJ WildBird Foods Ltd, Großbritannien (S. 67 u., 29 o., 34, 54), Stefan Cölsch (S. 48 li.), Manfred Danegger (S. 18, 61 o., 61 Mi., 68 Mi., 71 o. re., 72 u., 76 o.), Andreas Donath (S. 5 u.), Frank Hecker (S. 6, 7, 8, 13, 20, 23 li., 24 o. re., 26 u., 27, 29 u., 30 Mi. li., 32, 35, 36, 39, 43, 45 beide, 48 re., 49, 57 beide, 58, 64 u., 65 u. re., 70, 74 o., 67 u., 85 u., 89 o., 89 u. re.), Werner Layer (S. 63 o.), Alfred Limbrunner (S. 3/4, 12 u., 15, 31 o., 30 o. li., 30 o. re., 30 u., 31 beide, 37, 41, 60, 63 u., 65 o. li., 65 o. re., 65 u. li., 66 u. li., 66 u. re., 66 o. re., 67 beide, 68 o., 68 u., 69 u., 71 o. li., 72 o., 73 o., 74 re., 75 u., 76 li., 77 o. li., 77 o. re., 77 u., 80 u., 81 u., 82 li., 67 o., 84 beide, 86 u., 87 beide, 89 u. li.), Mestel/Hecker (S. 86 o.), Sauer/Hecker (S. 85 o.), Peter Zeininger (S. 11, 12 o., 61 u., 62 alle, 64 o., 66 o. li., 69 o., 71 u., 73 u., 74 li., 75 o., 76 re., 77 o. re., 78, 79 alle, 80 o., 81 o., 82 re.), Rudolf Schmidt (S. 5 o. li., 5 o. re., 16 beide, 17, 23 re., 24 o. li., 24 u., 25, 26 o., 56), alle übrigen Fotos stammen von den Autoren.

Die Farbgrafiken stammen von Wolfgang Lang, Grafenau, die Schwarzweißgrafiken von Herbert Biebach, MPI für Ornithologie, Andechs.

Unser gesamtes lieferbares Programm und viele weitere Informationen zu unseren Büchern, Spielen, Experimentierkästen, DVDs, Autoren und Aktivitäten finden Sie unter **www.kosmos.de**

MIX
Papier aus verantwortungsvollen Quellen
FSC® C015829
www.fsc.org

ISBN: 978-3-440-11644-9
Projektleitung: Stefanie Tommes
Lektorat: Bärbel Oftring
Grundlayout: eStudio Calamar
Gesamtherstellung: Buch & Konzept, Annegret Wehland, München
Produktion: Johannes Geyer, Markus Schärtlein
Printed in Italy / Imprimé en Italie

Für viele Menschen bieten heute die Stadtvögel die einzige Chance, sich überhaupt noch an der Beobachtung von Wildtieren erfreuen zu können. Viele Naturfreunde füttern deshalb frei lebende Vögel, um sie näher heranzulocken und um ihnen zu helfen.

Setzen sich für den Schutz der Vogelwelt ein: ***Tierfilmer und Stifter Prof. Heinz Sielmann sowie Ornithologe Prof. Dr. Peter Berthold.***

Vogelfütterung ist eine gute Sache: Sie nützt vielen Arten und sie fördert zudem das Interesse am Naturschutz! Hunderte von Jahren fütterte der Mensch in seiner extensiven Landwirtschaft „unabsichtlich“ Heerscharen von Vögeln – die heutige Fütterung ahmt diesen ursprünglichen Zustand lediglich nach.

GANZJÄHRIG FÜTTERN GANZJÄHRIG HELFEN
Eine Initiative der Heinz Sielmann Stiftung

Mit diesem Aktions-Logo erinnert die Heinz Sielmann Stiftung zusammen mit engagierten Vogelfutter-Herstellern daran, dass nicht nur der Erhalt von Lebensräumen, sondern auch das Zufüttern mit darüber entscheidet, ob unsere Vogelwelt und damit auch ein Gutteil unserer Lebensqualität erhalten bleiben.

Heinz Sielmann Stiftung
Gut Herbigshagen
37115 Duderstadt
Tel.: 05527–914-244
Fax: 05527–914-250
E-Mail: vogelfuetterung@sielmann-stiftung.de
Internet: www.sielmann-stiftung.de
Spendenkonto 323
Sparkasse Duderstadt
BLZ 260 512 60

Heinz Sielmann Stiftung

Kosmos Naturführer
Barthel · Dougalis
Was fliegt denn da?
Der Klassiker
Alle Vogelarten Europas in 1700 Farbbildern
KOSMOS

Holger Haag
Steffen Walentowitz
Mein erstes
Was fliegt denn da?
Unsere 50 wichtigsten Vögel kennen lernen
KOSMOS